처음부터
　　아이에게
이렇게 말했더라면

처음부터
아이에게
이렇게 말했더라면

상처 주는 말을
따듯한 대화로 바꾸는
166가지 부모 말 사용법

그럴 수 있지

같이 해보자

오바 미즈즈 지음 。 박미경 옮김

RHK
알에이치코리아

말 거는 방법을 바꾸면
아이의 행동이 달라집니다

천방지축 왁자지껄 빙글빙글 돌아가는 엄마의 하루. 노는 건 아이들인데 힘든 건 왜 엄마의 몫일까요? 육아는 아이의 뒤꽁무니를 따라다니다 결국 화를 내는 패턴의 반복입니다. 그리고 매번 반성을 하죠.

과거의 저도 아이에게 화를 내고 난 후 자고 있는 아이의 얼굴을 바라보며 '왜 그때 못 참았지?', '난 부모 자격이 없는 걸까?'라며 자책을 했어요. 그런 와중에도 아이들은 매일같이 크고, 엄마인 저도 반성만 할 수는 없다는 생각에 다양한 육아법을 실천했습니다. 그리고 시행착오를 거치며 깨달은 사실이 있었죠.

바로 "아이를 바꾸려 하지 말고 아이에게 필요한 말을 걸어줘야 한다"는 것이었습니다.

알쏭달쏭한 아이의 마음을 이해하려면 마음을 전달하는 도구인 '말'에 주의를 기울여야 합니다. 아이에게 어떻게 말해야 할지, 아이가 하는 말에 어떻게 대답할지 조금만 신경 쓰면 아이의 마음속에 부모의 사랑이라는 튼튼한 뿌리가 내립니다. 그렇게 되면 소위 사고 치는 일도, 생떼를 쓰는 일도 자연스럽게 줄어들지요.

저는 그렇게 저희 아이들, 자폐스펙트럼장애 아이 한 명과 소통에서 작은 문제점을 보이는 아이 두 명에게 끊임없이 '말걸기 육아'를 해왔습니다. 그러다 제 아이들을 위한 말걸기 방법을 표로 만들었고, 그것이 '말걸기 변환표'라는 이름으로 인터넷에 퍼져 14만 명 넘는 분께서 찾아주셨습니다.

말걸기 변환이란 예를 들어 이런 것입니다. 시간이 없어 바쁜 와중에 아이가 느릿느릿 움직일 때, 욱하는 마음에 "대체 언제 끝낼 거야!"라고 소리치고 싶어집니다. 이럴 때 "5분 안에 끝내면 10분 놀 수 있어"라며 아이가 얻을 수 있는 '이점'을 알려주면 일이 순조로워집니다. 다른 예로 아이가 비속어를 했을 때 부모는 깜짝 놀라 "그런 말 하는 거 아냐!"라고 다그치게 됩니다. 이때도 먼저 "그게 ○○했구나. △△이는 그런 점이 싫었구나"라며 '사실과 의견을 구분'해서 알려주면 아이도 진정하고 객관적으로 생각하게 됩니다.

제가 말걸기 변환표를 많은 분들과 공유하며 느낀 점은 '(손이 많이 가는) 우리 아이들에게 통하는 방법은 어떤 아이에게도 적용된다'라는 것이었습니다. 화내지 않고도 부모의 마음을 잘 전달할 수 있는 말걸기 방법은 얼마든지 있답니다.

이 책은 부모와 아이가 함께 성장하는, 아이와의 원활한 커뮤니케이션을 위한 책입니다. 단순히 아이를 '손이 안 가는 아이', '부모 말을 무조건 잘 듣는 아이', '누구와도 사이좋게 지내는 아이', '뭐든 잘하는 우등생'으로 키우기 위한 책이 아닙니다.

아이를 억지로 바꾸는 것이 아닌, 부모가 할 수 있는 부분을 찾아 아이 마음에 전해지는 말을 발견하는 일이 중요합니다. 이 책은 그 방법을 제시하고, 부모와 아이가 충분히 대화하면서 마지막까지 육아 마라톤을 완주하기 위한 힌트를 가득 담았습니다.

책의 마지막 장을 덮을 때쯤이면, 많은 부모님들이 '손이 가긴 하지만 역시 귀여운 아이야', '말을 잘 안 들을 때도 있지만, 그렇다고 말이 전혀 안 통하는 건 아니야', '모든 아이들과 친하게 지내지는 못해도 적당한 사교성은 있는 것 같아', '무언가 잘하고 못하고를 떠나서 아이가 자기 자신을 사랑해', '조금 개성 있긴 하지만 남에게 피해를 안 주니 괜찮아'라는 마음이 들 거라고 생각합니다.

또, 이 책에서 말하는 부모의 목표 지점도 결코 '완벽하고 이상적인 부모', '절대 화내지 않는 육아'. '혼내지 않는 육아'가 아닙니다. 아이를 키우는 일은 '조바심 나는 일', '자기도 모르게 화를 내게 되는 일'이라는 점을 충분히 이해하고 이 책을 썼습니다.

부모의 체력, 시간, 경제력에는 한계가 있고, 상대는 살아 있는 아이이기 때문에 내 마음대로 자라주지 않는 것이 당연합니다. '엄마', '아빠'라는 직업은 세상에서 단 하나뿐인 전문직인데도 연중무휴에 무보수는 물론이거니와 식비와 교육비로 돈이 날개 달린 듯 사라져 버립니다. 블랙기업도 이런 블랙기업이 없습니다.

이런 가혹한 상황 속에서 부모는 몇 년, 혹은 그 이상 아이가 자립할 수 있는 날까지 육아를 해야 합니다. 그래서 쉽고 바로 실천할 수 있으며, 장기전을 전제로 무리하지 않고 지속할 수 있는 육아법이 필요합니다. 따라서 이 책은 부모님들이 육아에 지쳐 쓰러지지 않도록 따라 하기 쉬운 말걸기 사례를 현실 대화문으로 알려줍니다.

본문에서는 육아가 편해지는 166가지 말걸기 변환 사례를 97개의 단계(Step)를 통해 순서대로 제시하고 있습니다. 평소 '아이와 말이 전혀 통하지 않는다'고 생각되면 당장 내용 일부를 바로 실천하는 것만으로도 문제를 어느 정도 해결할 수 있습니다.

그렇게 하는 동안 어느덧 아이가 해낼 수 있는 일이 조금씩 늘어나고, 아이가 하지 못하는 일이 그다지 신경 쓰이지 않게 되면서 아이의 장점과 단점 모든 것이 사랑스럽게 느껴질 겁니다. 그리고 언젠가 살며시 아이의 손을 놓을 수 있는 날이 오게 되겠지요.

그날이 오기까지 부모란 존재는 아이와 대화를 지속하며 아이가 이 세상을 힘차게 살아갈 수 있도록 믿어주면 됩니다.

이 책을 선택해주신 여러분이 아이와 함께 웃는 날이 많아졌으면 좋겠습니다. 어떤 부모도, 어떤 아이도 행복할 권리가 있습니다. 육아가 편해졌다는 느낌을 여러분이 실감할 수 있을 때까지 수개월, 혹은 수년 간 함께 달릴 수 있다면 그것만큼 기쁜 일이 없겠습니다.

오바 미스즈

CHAPTER 2 애착과 신뢰를 쌓는 말걸기

CHAPTER 4 원하는 행동을 부르는 말걸기

CHAPTER 5 훈육할 때 효과적인 말걸기

CHAPTER 6 사회성을 키우는 말걸기

CHAPTER 7 인정하고 포용하는 말걸기

말걸기 육아를 위한 마음가짐

❶ 아이와의 자연스러운 대화를 즐기자

아이와 함께 평상시처럼 자연스러운 대화를 즐기세요. '매일매일 긍정적이고 따뜻한 말로 감싸줘야 하는데…'라며 애쓰지 않아도 됩니다.

안타깝게도 세상이 그렇게 친절한 말로 가득 차 있지도 않거니와, 부모가 혼자서 인내하고 감정을 억제하는 것이 결과적으로도 아이를 위한 일이 아닙니다. '왠지 아이랑 말이 안 통한다'라고 생각될 때, 이 책의 말걸기 내용이 도움되길 바랍니다.

❷ 중간에 잘 안 돼도 실패한 것이 아니다

말걸기 육아 중에 예전 말버릇이 나왔더라도 '나는 부모 소질이 부족한가 봐'라고 자신을 책망하지 마세요. 중간에 실패하더라도 당신이 매일 육아에 온 힘을 다하고 있다는 사실은 변함이 없습니다.

하지만 계속 화를 내거나, 아이와 감정이 계속해서 엇갈린다면 부모, 아이 모두가 점점 힘이 듭니다. 말걸기 변환은 이럴 때 조금이라도 편한 육아를 하기 위한 '에너지 절약법'이라고 생각해주시면 좋겠습니다.

❸ 내 아이에게 최적화된 말걸기는 스스로 찾아야 한다

이 책에 쓰인 내용을 잘 활용하려면 내 아이의 특성을 알고 융통성 있게 적용해야 합니다. 육아에는 한 가지 정답만 있지 않습니다. 육아의 정답은 아이의 개성×부모와 아이의 수만큼 많습니다. 그러므로 내 아이에게 최적화된 말걸기는 시행착오를 거치면서 스스로 찾아야만 합니다. 하지만 너무 걱정하지 마세요. '내 아이 전문가'인 여러분이라면 분명히 찾을 수 있습니다. 내 아이에 대해서는 내가 가장 잘 알고 아이 역시 다른 누구의 말보다 내 말을 기다리고 있을 테니까요.

❹ 자녀를 중요하게 생각하는 만큼 자신도 중요하게 생각하자

말걸기 육아를 하며 절대 무리하면 안 됩니다. 이 책은 평범한 일상조차 힘겨운 엄마, 아빠라도 쉽게 지속할 수 있도록 가능한 한 허들을 낮춰서 설명하고 있습니다. 그런데 만약 힘들다고 생각될 때는 고민하지 말고 일단 멈추세요. 혼자서 모든 일을 하려 하지 말고, 누구라도 좋으니 도움이 되는 사람에게 부탁하세요. 여러분에게 아이가 중요하듯 아이에게도 부모는 소중한 사람입니다. 여러분은 누가 대신할 수 없는 존재입니다. 그러니 부디 자기 자신을 소중히 생각하길 바랍니다.

✅ 구성에 대해

이 책의 1장과 7장은 부모와 아이의 마음을 챙기는 말걸기 방법을 담고, 2장~6장은 아이의 심신 발달 단계에 맞춘 말걸기를 단계순으로 읽을 수 있도록 구성했습니다.

하지만 '○세 아이', '○학년 아이'와 같이 표준적인 연령, 학년에서의 발달은 이야기하지 않습니다. 아이의 발달에는 개인차가 있고, 또 한 명의 아이 안에서 빨리 성장하는 부분과 느리게 성장하는 부분이 다르기 때문이지요.

표준 연령에 구애받지 않고 몇 살이든, 몇 학년이든 '지금의 이 아이'에게 적절한 단계를 찾아가면서 말을 거는 것이 효과적입니다.

✅ 읽는 방법에 대해

'이건 지금도 가능해', '안 해도 될 것 같아'라고 생각되는 단계는 각자 판단하여 건너뛰어도 상관없습니다. 그러나 만약 '잘 안 된다', '아이가 잘 모르는 것 같다'라고 생각된다면 언제라도 이전 단계로 돌아가기를 추천합니다. 다만, '꼭 해야만 해', '이 정도도 못 하면 안 돼'와 같이 육아에 부담을 느낄 때는 1장과 7장을 읽어보세요.

✅ 내용에 대해 ①

이 책의 내용은 발달장애 아이와 비장애 아이 모두에게 적용할 수 있습니다. '보통'과 '장애'의 경계선은 애매한 부분이 있고, 발달장애 아이에게 잘 통하는 방법을 비장애 아이에게도 응용할 수 있기 때문입니다. 또한 발달장애 아이를 위한 말걸기나 관계법도 특별한 것이 아닙니다. 단지 각 아이의 개성에 따라 필요한 양이나 빈도, 정도, 타이밍 등이 다를 뿐입니다. 다만, 다소 독특한 케이스나 발달장애 아이 부모만의 고민은 본문 속의 '1:1 육아 상담실'에서 따로 다루었습니다.

✅ 내용에 대해 ②

본문에 "물건을 잘 잃어버리는 아이는", "분위기 파악을 잘하지 못하는 아이는" 등의 표현이 등장하지만 이는 편의상의 표현일 뿐, 모든 경우를 특정 증상, 예를 들어 'ADHD(주의력결핍 과잉행동장애)'나 'ASD(자폐스펙트럼장애)'라고 일반화할 수 없습니다.

아이가 그렇게 된 (또는 그렇게 느낀) 데에는 다양한 이유가 있으며, 그런 행동을 하는 정도나 빈도도 아이마다 다릅니다. 아이의 개성이나 각 가정의 상황에 맞춰 책의 내용을 유연하게 활용하시면 됩니다.

CHAPTER 1

부모 마음부터
살피는 말걸기

첫 장은 준비 체조입니다.

아이에 관한 얘기를 하기 전에 먼저 부모의 마음속을 함께 정리해볼까요? 완벽을 목표로 하지 않아도 됩니다. 조금은 화를 내도 괜찮습니다. 부모가 못 하는 일이 있어도 괜찮습니다.

지나치게 열심이고 고집스러운 분도, 너무 바빠서 여유가 없는 분도, 이 장을 읽으며 심호흡과 마음 스트레칭을 하기 바랍니다. 자신에게 먼저 다정해지지 않으면 아이에게도 다정해질 수 없으니까요.

'완벽한 부모'를 목표로 하지 않는 말

> **말걸기 001 [기본]**
>
> **BEFORE** 또 화를 내고 말았다
> ---
> **AFTER** 그럴 수 있지, 그럴 수 있어~
> ---
> **★POINT** '절대 화내지 않는 육아'는 당장 포기할 것

먼저 말해 두지만, '절대 화내지 않는 육아'는 살아 있는 인간이라면 할 수 없는 일이니 일찌감치 포기하는 게 좋습니다. 부모도 인간이고, 인간은 감정의 동물입니다. 모두가 배운 걸 잊으면서 살지요.

다만, (과거의 저와 마찬가지로) 부모가 항상 화를 내거나, 아이가 항상 혼나기만 하면 모두가 힘들기 때문에 그 상태에서만큼은 탈출해야 합니다. "또 화를 내고 말았다"라는 후회는 10~30% 정도 줄이는 것을 목표로 하고, 나머지 부분을 "그럴 수 있지, 그럴 수 있어~"라는 '인정'으로 채우는 것이 현실적입니다.

아이가 부모 뜻대로 되지 않으면 당연히 초조하고 화도 납니다. 그럴 때 '부모의 화'는 책임감을 가지고 열심히 아이를 키우고 있다는 증거라는 사실을 떠올리세요. 그리고 마음을 좀 더 편히 가져도 됩니다.

긴장을 풀어주는 주문 만들기

육아 때문에 고민스러울 때나 힘들 때, 자기 자신에게 거는 주문을 미리 정해 놓으면 좋습니다. 예를 들어, "어떻게든 될 거야", "적당히 해도 돼", "문제없어", "천천히 해", "이만하면 됐어"와 같이 말이죠. 다른 나라에도 '적당히 하자'나 '부족해도 돼'라고 다독이는 표현은 넘쳐납니다.

지금까지 살아오면서 선생님이나 친구의 말 덕분에 한순간에 긴장이 풀어지는 경험을 한 적이 있을 겁니다. 저도 오랜 친구에게서 들은 "다시 도전할 수 없는 일은 세상에 없어"라는 말을 언제나 마음 한구석에 담아 두고 있답니다. 오늘부터 한순간에 마음이 편안해지는 나만의 주문을 만들어볼까요?

'이상적인 부모'에서 멀어지는 말

노력해도 이루기 힘든 일이 있습니다. 부모에게도, 아이에게도 '노력으로 넘을 수 없는 벽'은 있기 마련입니다. 부모의 시간, 체력, 경제력에도 한계가 있고 사람의 특성에 따라서도 한계가 있습니다.

아이에 대한 부모의 애정이 무한하고 영원히 샘솟는다는 말은 환상에 가깝다고 생각합니다. 그러니 만약 온 힘을 다해 노력하는데도 '생각대로 되지 않는다'거나 '또 화를 내고 말았다' 또는 '아이가 예쁘게 느껴지지 않을 때가 있다'와 같은 마음이 든다면, 또 그런 마음 때문에 "나는 부모 자격이 없다"라며 자신을 책망하는 분이 있다면 부디 생각을 바꾸기 바랍니다. "나는 지나치게 열심히 하는 부모다"라고 말이죠. 이런 분에게 지금 정말 필요한 것은 더 많이 노력하는 것이 아니라 휴식하기, 숨 돌리기, 적당히 하기가 아닐까 생각합니다.

일의 우선순위를 정하기

할 일이 넘쳐날 때, 먼저 물리적인 한계치를 눈으로 보고 자각하면 일의 우선순위를 정하기 쉬워집니다.

- 가족 할 일 달력
- 스케줄 관리 애플리케이션(가족 공유 기능 포함)
- 포스트잇, 할 일 리스트, 가족 게시판

위의 것들을 활용하여 예정이나 해야 할 일을 쓰고, 가족 모두가 볼 수 있도록 공유하면 좋습니다. 그리고 '지금 하지 않으면 안 되는 일', '빨리 해 놓고 싶은 일', '가능하면 하고 싶은 일' 등 일의 우선순위를 정하도록 합시다(우선순위대로 분류해 놓으면 좋아요!).

이때 전체를 파악해보고 일정이 너무 빡빡하다고 느껴지면 '여기서 나만 할 수 있는 일이 뭘까? 나머지는 어떻게 분담할 수 있을까?'라고 스스로에게 질문하세요.

'뭐든지 혼자서, 제대로, 완벽하게' 할 필요는 없습니다. 가계를 꾸려 나갈 때와 마찬가지로 아이를 키울 때도 쓸 수 있는 에너지를 파악하여 절약하고 저장해야 합니다.

학용품이나 만들기 재료는 인터넷이나 천 원 가게에서 사면 됩니다. 이런 일들보다 훨씬 중요하고 엄마, 아빠만이 해줄 수 있는 게 있습니다. 부모에게만 허락된 귀한 사랑은 그런 물건에 담지 않아도 아이에게 직접 전해줄 수 있습니다.

말걸기 003 [응용]

BEFORE 엄마는 언제나 웃는 얼굴이어야 한다

AFTER 난 원래 좀 덜렁이야!

★POINT 엄마도 인간이다. 마음속에 자리 잡은 부담감을 내려놓자

'엄마는 태양', '엄마는 대지', '엄마는 바다'와 같이 왠지 엄마는 과도하게 이상적인 모습을 요구받습니다. 당연한 말이지만 '엄마는 인간'입니다. 세상이 만든 '이상적 엄마'대로 행동하길 요구받는 것은 견디기 힘든 일입니다(마음대로 신격화하지 말길~!).

아이 키우기에는 즐겁고 행복한 일만 있지 않습니다. 저도 "엄마는 언제나 웃는 얼굴로"라는 말에 "이 어질러진 방을 보고 말씀하세요"라고 말하고 싶어요!

이런 이상적인 엄마에 대한 압박을 느끼고 있다면 "난 원래 좀 덜렁이야!"라고 외쳐서 마음속의 부담감을 내려놓아야 합니다. 엄마가 참기만 하고 자신의 마음을 봉인해 버리면 아이 앞에서도 자연스러운 웃음이 사라지고 맙니다.

게다가 잘 생각해보세요. 하늘의 태양도 밤이 되면 조용히 잠을 잡니다. 바다도 거친 파도가 치기에 바닷속 생태계가 풍요로워집니다. 그러니 엄마란 직업을 가진 분들도 당당하게, 잘 자고, 가끔 화도 내고, 한숨 돌리고, 맛있는 음식을 먹으며 즐겨도 죄책감을 가질 필요가 없습니다.

못 하는 일보다 할 수 있는 일을 찾는 말

말걸기 004 [기본]

BEFORE 이런 것도 못 하다니… 부모 자격이 없나?

AFTER 그래도 이건 할 수 있네

★POINT 의식적으로 할 수 있는 일을 찾아보자

육아는 그 아이의 '잘하는 것을 보는 일'이 가장 중요합니다. 다만, 그전에 부모가 먼저 의식적으로 '자신이 잘하는 일'을 보는 연습이 필요합니다. 그러면 아이가 잘하는 일에도 눈이 뜨입니다.

부모로서 책임감이 강할수록 잘하는 일보다 잘하지 못하는 일에 신경이 쓰이기 마련입니다. 하지만 자신이 아이에게 해주지 못한 것만을 생각하면서 혼자 낙담하고 반성하기 전에 찬찬히 떠올려보세요.

하루 24시간을 생각해보면 완벽한 만점짜리가 아니더라도, 아무 일 없이 평화롭게 지낸 일, 그럭저럭 나름대로 열심히 한 일, 담담하게 일상적인 루틴을 해낸 일, 아이가 즐거워했던 일 등 의외로 많은 '잘하는 일'을 떠올릴 수 있습니다.

'나의 좋은 점' 리스트 만들기

'사과하는 일은 있어도, 칭찬받을 일은 없다.' '연중무휴, 무상노동임에도 어떤 감사의 말도 듣기 어렵다.' '부모니까 해주는 게 당연하다고 생각한다.'

매일 온 힘을 다해 아이를 키우는데도 이런 생각밖에 들지 않는다면 누구나 자신감이 사라지기 마련입니다. 아이의 자신감을 키워주기 전에 부모의 자신감을 회복하는 게 먼저입니다. 이럴 때는 내가 잘하는 일, 나의 좋은 점, 멋진 점을 적은 리스트를 만들면 도움이 됩니다.

수첩에 손으로 직접 쓰든, 스마트폰 메모장에 쓰든 상관없습니다. 가능하면 100개 이상 써보도록 해요(쥐어 짜내서라도!). 그렇게 많이 생각해 낼 수 없나요? (리스트에 '겸손'을 추가하세요!) 그렇다면 스스로 질문하며 다시 한번 생각해보세요. 당연한 듯 보이는 일상 속에서 내가 할 수 있는 일, 나의 좋은 점을 최대한 많이 발굴해 낼 수 있을 거예요.

Q. 이게 정말 나의 단점이고 결점일까?

예 참견이 가끔 심하긴 하지만, 인정이 많고 주변 사람을 잘 챙긴다는 말을 듣는다. 혹은 걱정이 많긴 하지만, 진중하고 세심하다는 말을 듣는다.

Q. 이건 정말 내 노력이 아닐까?

예 잘 움직이고 활발한 아이라도 지금까지 사고 없이 커왔다. 혹은 학교를 싫어하는 아이지만 집에서는 잘 지내고 있다.

말걸기 005 [응용]

BEFORE 오늘도 또 화만 냈다

AFTER 오늘 화내서 미안해, 사랑해

★POINT '끝이 좋으면 모든 게 좋다'는 마음으로 하루를 리셋

아이에게 화를 낸 날은 혼자 반성하게 되시죠? 저도 그렇습니다. 하지만 아이의 잠든 얼굴을 보면서 가슴 아픈 반성을 하기보다 아이가 잠들기 전, 몇 분 혹은 몇 초라도 좋으니 "오늘 화내서 미안해, 사랑해"라고 말하며 꼭 안아주세요. 그럼 대부분의 일은 리셋이 됩니다. '끝이 좋으면 모든 게 좋다'라는 마음으로 편히 잠드세요.

육아의 법칙

놀이공원에서 돌아올 때 법칙

아이를 데리고 간 놀이공원. 즐거운 시간을 보내다가 "집에 가자"라고 말하는 순간 아이가 울며불며 떼를 씁니다. 결국 "이제 다신 안 데리고 올 거야!"라고 화를 내며 돌아온 경험 한 번씩 있으시죠? 여기서 중요한 것은 침체된 분위기를 너무 오래 끌지 말고, "그래도 재미있었지"라며 나중에라도 아이와 이야기하는 것입니다. 사소한 일로 분위기를 한순간에 망쳐 버리면 비싼 입장료를 내고 너무 아까운 일이 아닐까요?

아이에게 지혜롭게 요구하는 말

> **말걸기 006 [기본]**
>
> **BEFORE** 이것도 저것도 하게 해야 해!
> -
> **AFTER** 이걸 지금 당장 해야 하는 걸까?
> -
> **★POINT** 지금 당장 하지 않으면 안 되는 일은 많지 않다

　　부모란 본능적으로 '그걸 할 수 있으면 다음 거', '이걸 할 수 있으면 또 다음 거'라며, 아이의 끊임없는 성장을 바라는 동물입니다. 그러나 뭐든지 '제대로 시켜야 해'라고 생각하면 아이가 잘하지 못하는 것만 눈에 보이게 됩니다.

　　여러분이 '이것도 저것도 해야만 해'라고 생각하는 부모라면 "이걸 정말 당장 해야 할까?"라며 스스로 질문을 던져보세요. 마음껏 울고, 웃고, 까불고, 노는 것은 지금이 아니면 할 수 없는 아이만의 특권이기도 합니다. '지금 당장 하지 않으면 안 되는 일'은 사실 생각보다 그리 많지 않습니다.

아이에게 요구하고 싶은 일을 중요도로 구별하기

언젠가는 내 아이를 사회에 내보내야 하는 것이 부모의 책임이다 보니 당연히 조바심이 납니다. 그래도 '아이에게 시키고 싶은 일' 중에서, 정말 절실하게 필요한 것에서부터 그렇게 열심히 하지 않아도 되는 것까지 단계가 있을 겁니다. 아이에게 요구하고 싶은 일을 중요도로 구분하여 정리해보세요. 부모가 세심하게 신경 쓸 여유가 없을 때는 중요도가 높은 일에만 아이에게 "그래, 해도 좋아"라고 해보세요.

아이에게 요구하고 싶은 일 정리하기

❶ 아이에게 지금 '제대로 시켜야 해', '할 수 있게 해야 해'라고 생각하는 일을 포스트잇에 구체적으로 쓴다.

❷ 그것을 아래 표와 같이 중요도 순으로 구별한다(이 표는 어디까지나 예시입니다. 인생에서 중요하다고 생각되는 것은 부모의 인생관, 육아 방침에 따라 다르기 때문에 각 가정에서 적절하게 활용하세요!).

중요도 레벨표(예시)	
중요도 5	하지 못하면 사회생활이 힘들어지는 일 예 건강·위생의 유지, 규칙 지키기 등
중요도 4	어느 정도 할 수 있으면 삶이 편해지는 일 예 기본적인 자기 관리, 약간의 소통 능력 등

중요도 3	되도록 익혀 두면 인생에 도움이 되는 일 예 자기 이해와 고민, 위기 관리, 생각하는 힘 등
중요도 2	조금이라도 익혀 두면 인생이 풍요로워지는 일 예 취미·교양, 적당한 대인 관계 등
중요도 1	하지 못해도 사는 데 크게 지장이 없는 일 예 수학 공식 전부 암기, 리코더, 줄넘기 등
중요도 0	사는 데 도움이 안 되거나, 오히려 손해를 끼치는 일 예 묵묵히 참고 한계를 넘어 무리하게 하는 것

Q ▶ '우리 아이가 혹시나 발달장애가 아닐까?'라는 걱정이 듭니다.
그런데 '장애'라는 말을 들을 정도는 아닌 것 같기도 합니다.
A ▶ '장애'는 아이의 개성과 환경에 따라 달리 판단될 수 있습니다.

요즘 '발달장애'라는 말이 많이 쓰이다 보니, '혹시 우리 아이도…?'라며 불안해하는 분이 많습니다. 확실히 장애 여부를 빨리 알면 아이에게 적절한 도움을 주어 부정적인 경험을 줄이고, 공적인 지원을 받을 수 있는 장점도 있습니다. 그러니 '혹시?'라고 생각된다면 먼저 소아과나 소아정신과에서 가볍게 상담을 받아보세요.

하지만 정작 '장애'라고 결론이 나면 '그 정도인가?', '그냥 좀 독특한 개성 아닐까?'라고 생각되기도 합니다. 어디서부터 '개성'이고, 어디서부터 '장애'인지 분명하게 선을 긋기가 쉽지 않은 것이죠.

장애 판단 기준은 사실 환경과 아이가 얼마나 맞는지, 일상생활에 잘 적응할 수 있는지 혹은 어려움이 있는지에 따라 달라집니다.

극단적으로, 학교에서는 과잉행동이나 충동성이 강해서 문제아로 낙인찍힌 아이라도 어느 날 인류가 서바이벌 생활에 놓였을 땐 대단히 우수한 인재가 될지도 모릅니다.

그러나 어떤 아이에게든 부모가 하는 일은 똑같습니다. 애정을 쏟으면서 그 아이에게 맞는 방법을 찾아 최선을 다할 뿐입니다.

Step **05**

아이와 나 사이에 적당한 선을 찾는 말

> **말걸기 007 [기본]**
>
> **BEFORE** ▶ 아이를 위해!
>
> --
>
> **AFTER** ▶ 나는 나, 아이는 아이
>
> --
>
> **★POINT** 능숙한 선 긋기가 흔들리지 않는 비결

"아이를 위해!"라는 말에 부모는 약합니다. 특히 엄마는 아이를 자신의 분신이라고 생각해서 아이가 아프면 '내가 대신 아프고 싶다'라고 생각합니다. 또 1등을 했을 때 같이 자랑스럽고, 괴롭힘을 당하면 함께 가슴이 찢어집니다. 이런 마음을 '애착심'이라고 부르며, 애착심은 육아를 계속할 수 있는 중요한 원동력이 됩니다.

그러나 육아를 자신의 '모든 것'이라고 생각하게 되면 내 아이에게 지나친 기대를 하게 되어, 아이의 행동에 일희일비하고 생각대로 되지 않는 일에 지나친 불안이나 초조함을 느끼게 됩니다.

내 아이를 특별하게 느끼면서도 어느 정도는 '나는 나, 아이는 아이'와 같이 능숙하게 선 긋기를 하면 아이가 어떤 일을 못했을 때 눈에는 밟혀도 엄마 자신까지 상처를 입지는 않습니다. 아이와의 사이에 능숙하게 선을 긋는 능력이 흔들리지 않는 부모의 비법입니다.

세상에는 '~하면 ~한 아이가 된다'라는 근거 없는 정보가 넘쳐나고, 이 때문에 다른 사람과 대화하다 찝찝한 기분이 들기도 합니다.

예를 들어 집안 어른에게 "애한테 과자는 절대 주면 안 된다"라는 말을 듣거나, 실제로는 특별히 문제가 없는데도 다른 부모들이 제멋대로 단정 지어 "○○선생은 별로야", "그 애, 문제라라며?"라고 하는 말을 들으면 '정말 그런가?' 하는 생각이 듭니다.

주변 사람들의 이런 말을 한 마디로 표현하면 '쓸데없는 참견'입니다. 어디까지나 그 의견은 그 사람의 생각일 뿐, 그런 말을 들어도 '그렇게 생각하는 사람도 있구나'라고 가볍게 참고하는 정도로 생각해야 합니다. '그 사람은 그 사람, 나는 나'라고 선을 긋고 가볍게 흘려듣는 태도를 취하는 것이지요.

다른 사람이 제멋대로 내뱉는 쓸데없는 참견은 스팸 메일을 필터링하는 것처럼 자동적으로 걸러내는 게 좋습니다.

나와 다른 사람 사이에 능숙한 선 긋기를 할 수 있다면 그의 의견에 휘둘리지 않고, 내 아이의 육아에도 흔들림이 없을 거예요.

숙제할 사람을 '나, 아이, 타인(환경)'으로 구분하기

이번에는 육아 숙제를 해결할 사람을 '나, 아이, 타인(환경)'으로 선을 그어 구분해볼까요? 육아로 부담되었던 마음이 해소될 거예요. 예를 들어 아이가 단체생활에 약한 경우, 본인이나 가정에서 노력해야 하는 부분이 있는 한편, 선생님이 아이에게 필요 이상의 능력을 요구하는 등 타인(환경)의 요인에 의해 문제시되는 경우도 있지요.

육아 숙제를 해결 주체별로 구분하기

❶ 육아 숙제를 포스트잇에 구체적으로 쓴다.

❷ '이건 누구의 숙제일까?', '고민을 해결할 수 있는 주체가 누굴까?'라고 생각해보면서 그 숙제를 '나, 아이, 타인(환경)'으로 구분한다.

주체별 육아 숙제표(예시)	
나의 숙제	• 나의 개성, 성장 환경, 경험으로 생긴 사고방식 때문에 나도 모르게 신경이 쓰이는 일 **내가 할 수 있는 일 : 자기 이해, 타협, 양보**
아이의 숙제	• 아이 자신이 하고 싶은 일 • 미래의 자립을 위해서 중요한 일 **내가 할 수 있는 일 : 지켜보기, 환경 조성하기**
타인(환경)의 숙제	• 상대의 사정으로 일어나는 일 • 사회적 제약이나 과제가 있어 일어나는 일 **내가 할 수 있는 일 : 제3자에게 상담, 할 수 있는 선에서 환경 바꾸기**

아이가 해야 할 숙제는 부모가 대신해줄 수 없고, 타인의 사고방식이나 사회적 환경을 지금 당장 바꿀 수도 없습니다. 그러므로 내가 할 수 있는 일이 무엇인지 찾고, 구체적으로 할 수 있는 행동을 정해 하나씩 실행해 나가는 것이 중요합니다.

화가 오래 머무르지 않는 말

> **말걸기 009 [기본]**
>
> **BEFORE** 시끄러워! 저리 가!
> -
> **AFTER** 엄마, 피곤해서 좀 자고 올게
> -
> **★POINT** 욱하는 마음이 생기면, 반성이 아니라 휴식을!

인간이라면 누구나 피곤할 때 짜증이 나기 마련입니다. 더구나 직장 일을 하거나 장애가 있는 아이의 육아를 도맡아 할 수밖에 없는 상황이라면 더욱 그럴 것입니다.

그런데도 아이는 "엄마, 이거 해줘, 저거 해줘"라며 엄마를 절대 봐주지 않습니다. 그럴 때 우리가 할 수 있는 일은 반성이 아니라 휴식입니다. '짜증을 내면 안 돼'가 아니라 '이럴 때는 어떻게 해야 할까'라고 생각을 돌리는 것이 현실적인 해결책입니다.

먼저 '지금 욱한 마음이 올라왔구나'라며 자각하고, "엄마, 피곤해서 좀 자고 올게"라며 그 장소를 슬쩍 피해 조금 쉬는 게 좋습니다. 아이가 쫓아올지도 모르지만 그래도 쉬겠다고 말했다면 쉬어야 합니다. 이것이 습관이 되면, 아이도 점차 '엄마는 힘들 때 쉬는구나'라며 이해하게 됩니다.

화가 올라올 때 언제든 쓸 수 있는 기술

낮잠 이외에도 욱하고 화가 올라올 때 마음을 가라앉힐 수 있는 작은 기술을 소개합니다.

- "후~" 하며 길게 숨을 내쉬기
- 잠깐의 화장실 휴식(아이의 귀여운 사진을 놓아두기)
- 가벼운 스트레칭(목이나 어깨를 돌리고 기지개 켜기)
- 세수 혹은 이 닦기
- 창문 열어 환기 시키기
- 단순한 집안일을 아무 생각 없이 하기
- 물 또는 차 마시기

핵심은 잠시 아이와 심리적, 물리적으로 조금 거리를 두거나 자신에게 감각적인 자극을 주는 것입니다.

엄마들은 '아이를 키우는 일은 온종일 마음 놓을 수가 없는 일이다', '한순간도 쉴 수 없다'라는 생각을 합니다.

하지만 심호흡 정도는 언제든지 자신의 의지와 타이밍에 맞춰 할 수 있습니다. 냉정하게 생각해보면 차 한 잔 마실 시간도 찾을 수 있을 것입니다(그 정도는 아이를 기다리게 해도 괜찮습니다). 스스로를 너무 코너에 몰아넣지 마세요.

나만의 '적당히 카드'를 늘린다

만약 정말로 한순간도 쉴 수 없다면 생활 전반을 근본적으로 점검해 볼 필요가 있습니다.

계속해서 말하지만, 부모도 인간이기에 시간, 체력, 애정에도 한계가 있습니다. 쓰러질 때까지 애쓰는 것은 결과적으로도 아이를 위하는 일이 아닙니다.

지금이라도 쓰러질 것 같다면 일에 드는 에너지를 줄일 '적당히 카드'를 조금씩 확보해 두어야 합니다. 카드 하나는 사소할지 모르지만 여러 개 실천하다 보면 일상의 부담감이 훨씬 줄어듭니다.

참고하시라고 제 '적당히 카드'를 특별히 공개합니다. 여기서만 밝히는 것이니 비밀이에요!

- 아이의 실내화, 신발은 그물망에 넣어 세탁기로 세탁
- 빨래를 갤 수 없을 때는 그냥 쌓아 두고 "자유롭게 가지고 가세요"라고 말하기(양말 짝 찾기 놀이도 가능)
- 욕실 청소는 거품 세제를 뿌린 후 문지르지 않고 물만 뿌려 끝내기(변기 청소는 각자 청소용 티슈를 이용해 셀프로)
- 중학생 남자 아이의 도시락을 싸줄 때는 보온 도시락에 3분 카레, 덮밥 등으로 5분 만에 준비하거나 편의점 이용
- 힘든 날 저녁 식사는 배달 음식(혹은 인스턴트와 라면)

불필요한 잔소리를 줄이는 말

> **말걸기 010 [기본]**
>
> **BEFORE** ▸ 몇 번을 말해야 알아들어? 그전에도…
>
> --
>
> **AFTER** ▸ 알았으면 됐다
>
> --
>
> **★POINT** ▸ 잔소리는 '시간 낭비'라고 생각하자

아이를 키우다 보면 짜증나고 욱할 일이 끊임없이 생깁니다. 이런 상황에서 해야 하는 일은 안 좋은 기분으로 잔소리하기를 피하거나 하더라도 최대한 빨리 끝내는 것입니다.

자기도 모르게 잔소리를 하는 이유는 어떤 상황이 생겼을 때 "그때도 그러더니", "앞으로 어쩌려고?"라며 과거를 곱씹고 미래를 상상하면서 생각의 늪으로 빠져버리기 때문입니다.

그러나 아이가 엄마의 말에 집중하는 시간은 처음 1분 정도입니다. 긴 잔소리를 늘어놔봤자 투자한 노동에 비해 효과가 없습니다. 가성비가 좋지 않다는 뜻이죠.

하고 싶은 말은 산더미처럼 많지만, 이 글을 계기로 긴 잔소리는 '시간 낭비'라고 딱 잘라 결론지으세요. "알았으면 됐다"라며 빨리 포기하는 게 상책이고 살기 편해지는 길입니다.

자주 말하는 잔소리는 물건에 붙여 놓기

매일 같은 잔소리를 하고 있는 것 같다면 아예 물건에 할 말을 붙여 놓고 같은 말을 반복하지 마세요. 예를 들어 이렇게 말이죠.

◦ 게임 시간 등 '규칙'을 종이에 적어 TV 위 벽에 붙여 놓기
◦ 변기 뚜껑 뒤에 '물 내렸어?'라는 문구 붙여 놓기
◦ 세면대 거울에 이 닦기나 손 씻기 순서가 적힌 문구 붙이기

이런 노력을 통해 같은 잔소리를 반복하고 싶을 때, 붙여 놓은 종이를 손가락으로 가리키기만 하면 해결할 수 있습니다.

그래도 잔소리를 그만둘 수 없을 때

사실 잔소리엔 술이나 담배와 같이 의존성, 중독성이 있는 건 아닐까 의심스럽습니다. 만일 이 증상을 '잔소리 중독'으로 표현한다면, '나도 모르게 과음해 버린', '무심코 담배를 피워 버린' 사람과 비슷한 상태입니다. 그래서 중독과 마찬가지로, 무심결에 잔소리를 할 때는 이유가 있을지도 모릅니다. 예를 들어 과도한 스트레스가 쌓여 해소되지 못하고 있거나 문제의 해결 방도를 못 찾았을 수도 있지요.

따라서 자신과 가족의 건강을 위해서라도 생활을 돌이켜보고 나서 잔소리에 의지하는 원인을 조금씩 없앨 필요가 있습니다.

다른 부모와 비교하지 않는 말

> **말걸기 011 [기본]**
>
> **BEFORE** ▶ 부모니까 더 열심히 노력해야 한다
> ---
> **AFTER** ▶ 나는 나의 노력을 알고 있다
> ---
> **★POINT** 자신의 소소한 노력을 인정해주자

많은 부모가 주변을 의식해서 다른 아이와 조금이라도 다른 부분이 있으면 불안해하고, 아이가 한 번이라도 실패하거나 걸림돌에 걸리면 돌이킬 수 없다고 생각합니다. 이렇게 압박감이 강한 환경에서 아이를 키우면 더 노력해야겠다는 생각이 들 수밖에 없습니다.

이때 기억해야 할 사실은 다른 사람들에게는 육아의 극히 일부분밖에 보이지 않는다는 겁니다. 그들은 아이가 울고 떼를 써서 부모가 폭발하는 순간만을 보고 '정말 요즘 부모들이란…'이라고 생각합니다. 그런 행동이 나오기까지의 과정이나 부모의 수많은 노력은 생각하지 않는 것이지요.

하지만 아무도 보고 있지 않아도, 아무도 칭찬해주지 않아도, '나는 내가 매일 열심히 노력하고 있다는 것을 알고 있다'라며 자신만은 그 노력을 인정해주세요.

'일지도 몰라 운전' 법칙

운전을 처음 배울 때, '일지도 몰라 운전'이 필요하다는 사실을 깨닫게 됩니다. '눈에 보이지 않지만, 어쩌면 모퉁이에서 어린아이나 자전거가 튀어나올지 모른다'라는 뜻이죠. 이와 비슷하게 '이럴 거야'라고 단정 지은 일에, 상상력을 발휘하여 '그런데 이럴지도 몰라'라고 생각을 바꿔보는 방법을 소개합니다.

공원에서 아이를 지켜보는 아빠를 볼 때의 예를 들어보죠.

A. 아이와 웃는 얼굴로 대화를 하며 열심히 캐치볼하는 아빠

B. 아이는 두고 나무 그늘에서 스마트폰을 보고 있는 아빠

얼핏 보면 A는 멋진 아빠이고 B는 한심한 아빠처럼 보입니다. 하지만 타인에게 보이는 모습은 그 부자의 일상 중에 극히 일부분에 지나지 않습니다. 어쩌면 A 아빠는 아이와 공원에 가는 일이 일 년에 한 번일지도 모릅니다. 또 B 아빠는 자주 엄마에게 휴식 시간을 주기도 하고, 아이의 놀이에 긴 시간 함께하는 아빠일지도 모르지요.

여기서 중요한 건 누가 좋은 아빠인지가 아니라, 보이는 것만으로 상대의 전부를 판단하지 않는 태도입니다. 그러니 다른 부모의 일부 모습을 보고 나의 육아와 비교하지 않기로 해요!

정말 중요한 때를 위한 부탁의 말

말걸기 012 [기본]

BEFORE	괜찮습니다
AFTER	부탁해도 될까요?
★POINT	작은 호의를 받아들이는 연습을 하자

아이를 키우다 보면 힘들긴 하지만 '세상이 아직 따뜻하구나'라는 생각이 들 때가 꽤 많습니다. 길을 가다 전혀 모르는 사람이 유모차를 들어 계단을 올라주거나, 몸이 안 좋을 때 같은 유치원에 다니는 아이의 엄마가 내 아이의 등원을 도와주는 등….

무슨 일이 생겼을 때 도움을 주는 사람들은 의외로 가까운 곳에 있습니다. 만약 난처할 때 누군가가 도움의 손길을 내민다면, 거절하지 말고 "부탁해도 될까요?"라며 호의를 받아들여, 평소 다른 사람에게 도움받는 연습을 하세요(혼자 애쓰는 사람은 특히!).

만약 정말 다른 사람의 도움이 필요 없다면 고맙다고 말하면서 마음만이라도 받아들이세요. 이웃이나 아이 친구의 엄마에게 잠깐 내 아이를 맡겨야 할 때는 정중하게 부탁하고, 평상시 도움을 받는 분에게는 가끔 작은 선물을 드리는 것도 좋습니다.

정말 필요할 때를 위해 '연락처 리스트'를 만들자

만약을 위해 연락처 리스트를 만들고 아이에게도 "여기에 ○○을 부탁할 수 있는 곳이 있어"라며 미리 말해주면 좋습니다. 제 경우에는 다음 리스트를 아이의 휴대폰에 등록해 두었습니다.

○ 아빠의 직장 번호, 학교, 자주 다니는 병원, 112와 119
○ 도움이 될 만한 엄마 친구, 이웃 주민, 친척 전화번호
○ 아동상담소, 학교폭력 신고센터, 인권상담실 등 각종 핫라인

재해 시 피난훈련 법칙

자연재해 등 비상사태가 발생했을 때 미리 마음의 준비를 해 두면, 실제로 재해가 일어났을 때 냉정하게 대응할 수 있습니다. 때로는 약간의 지식이나 경험이 생사를 가르는 일도 생깁니다.

육아에서도 비상사태가 있습니다. 예를 들어 부모가 지쳐 자기도 모르게 욱하는 감정이 폭주하는 경우가 그렇습니다. 이런 일은 자연재해와 같이 '누구에게든 일어날 수 있는 일'입니다. 그러므로 재해를 예방할 때처럼 평상시 준비하는 것이 중요합니다. 조금의 준비로 결과가 완전히 달라질 수 있음을 기억하세요.

Step 10

부모인 자신을 소홀히 하지 않는 말

말걸기 013 [기본]

BEFORE	아이가 남긴 음식, 너무 아까워
AFTER	제일 맛있는 것은 누구보다도 먼저!
★POINT	가능한 아이가 남긴 음식을 먹지 않을 것!

저에게도 해당되는 일이지만, 아이가 먹다 남긴 음식은 아까워도 먹지 않는 것이 좋습니다. 자신을 소홀히 하지 마세요!

엄마는 갓 지은 따뜻한 밥의 한가운데 볼록 올라온 가장 맛있는 부분을 누구보다도 먼저 먹을 권리가 있습니다.

먹다 남긴 음식을 먹어서 처리하면 아랫배가 볼록해지는 데는 도움이 되지만, 마음의 영양에는 도움이 되지 않습니다. 가계 상황이 신경쓰이긴 하지만, 스스로를 아끼지 않으면 안 됩니다.

하지만, 저도 알고 있으면서 그만 생각 없이 먹고는 합니다(덕분에 아이가 태어난 후로 M사이즈에서 L사이즈로 차근차근 업그레이드하고 있습니다). 어쩌면 주부의 습성일지도 모르겠네요.

그래도 혼자 먹을 때 가능한 따뜻하고 맛있는 것을 드세요. 찬물에 밥 말아서 대충 때우지 마세요. 이건 대단히 중요한 일입니다.

54   처음부터 아이에게 이렇게 말했더라면

Q ▸ 부모에게 사랑받지 못해서인지,

아이에게 애정을 담아 대하지 못할 때가 있습니다.

A ▸ 내 안의 '작은 나'를 아이와 함께 키우듯이 하세요.

먼저 "지금까지 참 잘했어"라며, 자신이 지금까지 잘 커왔다는 사실 자체를 마음껏 칭찬해주세요. 사랑받지 못한 채 자랐다면, 자신이 부모가 되어 아이를 키울 때 문제가 생기기도 합니다. 만약 지금의 일상에 문제가 있을 경우에는 의료기관이나 심리상담사 등 전문가의 도움을 빨리 받기를 강력히 추천합니다.

그렇게까지 심각하지 않더라도 부모의 바쁨, 과잉보호, 심한 훈육 등으로 충분히 적절한 육아를 못 받은 경우도 있습니다. 이런 경우, 갑자기 봉인되었던 감정이 폭발하여 자기도 모르게 자신의 부모처럼 아이에게 함부로 할 수도 있습니다. 그리고 자신을 원망하고 미워하는 감정에 빠지기도 합니다.

그럴 때는 "슬펐지?", "힘들었지?", "기분 나빴지!"라며 과거 '어린 나'의 기분을 어루만져주세요. 아이에게서 떨어져 방에서 혼자 울어도 되고 화를 내도 괜찮습니다. 무리하지 않는 범위 안에서, 아이에게는 자신이 부모에게 받고 싶었던 것을 해주세요. 그리고 '어린 나'를 내 아이와 함께 키우듯이, 꼭 안아주고 사랑해주세요.

CHAPTER 2

애착과 신뢰를 쌓는 말걸기

이 장에서 다루는 내용은 어쩌면 부모와 아이 관계에서 가장 중요한 부분이라고 할 수 있습니다. 아이와 기본적인 애착 및 신뢰 관계가 튼튼하면, 웬만한 일은 별문제 없이 지나갑니다.

아이에게 부모의 애정을 전달하는 일. 이것만큼은 다른 사람이 대신할 수 없고 양보할 수도 없는, 부모만이 할 수 있는 일입니다. 이 과정이 탄탄하면 만일 문제가 생기더라도 아이는 쉽게 극복해 낼 수 있고, 실패하더라도 다시 도전할 수 있습니다. 여러분의 "사랑해"라는 한 마디가 전달되느냐 되지 않느냐에 따라, 아이의 미래가 하늘과 땅만큼 달라집니다.

애정을 효과적으로 전하는 말

말걸기 014 [기본]

BEFORE ▶ 부모와 자식 간이니 말하지 않아도 알 거야

- -

AFTER ▶ 사랑해!

- -

★POINT 부모와 자식 사이라도 말하지 않으면 모른다

내 아이에게 "사랑해!"라고 직접 말해주고 있나요? '그런 건 굳이 말로 안 해도 알 거야'라고 생각하시는 분도 있을지 모르겠습니다. 동양의 경우 특히 아이에게 말로 확실히 전달하는 부모가 그렇게 많지 않다고 합니다.

만약, 아이에게 '고백'을 아직 하지 않았다면 용기를 내세요. 아무리 부모 자식 간이라도 말로 하지 않으면 알 수 없는 게 많습니다. 아이들 중에는 감이 좋아 몸짓이나 말의 뉘앙스를 잘 캐치하여 마음을 알아주는 아이도 있지만, 사람의 표정에서 감정을 쉽게 읽지 못하는 아이, 자신의 세계에 들어가면 다른 사람의 말이 들리지 않는 아이에게는 이심전심을 기대하기 힘듭니다.

"사랑해", "○○이 오늘도 너무 귀엽네"라고 매일 숨 쉬듯이 자연스럽게, 아이가 알아줄 때까지 말하세요.

말 이외의 방법으로도 애정을 전하자

말로 애정을 전하는 것은 대단히 중요하지만, 말은 만능이 아닙니다(아무리 "사랑해"라는 말을 들어도 입으로만 하는 말은 신뢰하기 힘들 겁니다).

말 이외에도 스킨십과 함께 애정이 전해지도록 최대한 의식하면, 어떤 아이라도 정서가 쉽게 안정되고 결과적으로 육아도 편해집니다. 또 조금 큰 아이에게도 표현 방법을 바꿔 나가면서 무심한 척 애정을 지속적으로 전하면 마음의 심지가 강해집니다.

말 이외 애정 표현의 예	
스킨십	안아주기 / 업어주기 / 손 잡기 / 머리 쓰다듬기 / 등 문지르기 / 곁에서 자기 / 돌봐주기 / 상처 치료·간병하기 / 간지럼 놀이 / 스트레칭이나 운동 함께하기 / 함께 있기
바디 랭귀지	미소 / 온화하게 바라보기 / 손 하트 만들기 / 팔 벌려 안아주기 / 지켜봐주기 / 고개 끄덕이기
그림·문자	아이 사진 찍기 / 스마트폰 메시지 보내기 / 편지 쓰기
음식	함께 식사하기 / 좋아하는 반찬 준비하기 / 도시락에 좋아하는 반찬 넣어주기 / 야식 만들어주기 / 외식하기
물건	아이가 아끼는 물건을 소중히 다루기(장식장 만들기, 고장 나면 도와주기) / 옷이나 머리 모양을 고를 수 있도록 하기 / 좋아하는 것에 관한 도구나 책을 사주기

여러 아이를 키울 때 애정 표현하는 법

아이에게 애정을 전하는 일에 부모가 익숙하지 않은 경우도 있지만, 아이도 부모의 애정을 있는 그대로 받아들이지 못하는 경우가 있습니다.

특히 여러 아이를 키우는 부모는 똑같이 애정을 쏟고 있다고 생각해도, 아이는 '동생한테만 잘해준다', '형만 챙겨준다'처럼 다른 형제와 비교하여 자신에게 오는 애정이 적다고 느끼기도 합니다. 또 엄마가 자기를 챙겨주길 바라면서도 '난 동생처럼 엄마한테 해달라고 못 해', '엄마가 힘들 것 같으니까 참자'라고 생각하는 등 복잡한 마음을 가진 아이도 있습니다.

이럴 땐 다른 형제는 모르게 둘만의 시간을 보내거나, 비밀을 만들면서 능숙하게 양다리를 걸치는 방법도 좋습니다. 예를 들면 이렇습니다.

- 비밀 암호 정하기('손을 세 번 흔들면 사랑해라는 의미')
- 이불 속에서 몰래 손을 잡아주기
- 다른 형제가 없을 때 "비밀이야"라며 과자를 입에 넣어주기
- 다른 형제는 아빠에게 맡기고, 둘만의 데이트를 즐기기

또, 아이를 똑바로 보고 "사랑해"라고 말하기가 왠지 쑥스럽다고 생각하는 수줍음 많은 분은 간접 접근법을 추천합니다. 간접적으로 아이가 좋아하는 인형, 캐릭터, 반려동물의 힘을 빌려서 "뽀로로가 ○○이 정말 사랑한대"라고 말해주는 것이지요.

Q ▶ 스킨십이 중요하다는 걸 머리로는 알면서도 실천하기 힘들고,

다른 애정 표현도 뭘 해야 할지 모르겠습니다.

A ▶ 무리하지 않고 할 수 있는 범위 안에서 천천히 해도 괜찮습니다.

아이를 키울 때 "스킨십을 통해 애정을 표현하라"는 말을 많이 듣지만, 정작 하려고 하면 잘 안 된다며 실천하지 못하는 자신을 탓하는 분도 있을 겁니다.

아마도 그 배경에는 각자의 이유가 분명 있겠지요. 하지만 여러분이 잘못된 게 아닙니다. 예를 들어 아이가 촉각이 예민하여 엄마가 안아주는 것을 싫어해서 스킨십을 하지 못하는 일도 있습니다.

이런 경우 스킨십을 억지로 하게 되면 아이는 부모를 '싫어하는 것을 하는 사람'이라고 생각할 수 있기 때문에, 너무 일부러 하려고 하지 않는 편이 좋습니다.

그럴 땐 서로 힘들지 않도록 아이가 싫어하지 않는 부분부터 시작하여, 서서히 만지는 범위를 넓혀서 아이가 스킨십에 익숙해지도록 하면 좋습니다. 소꿉놀이를 함께하는 것도 효과가 있습니다.

성장하면서 아이의 예민함이 줄어드는 경우가 많기 때문에 초조해하지 말고 느긋한 마음으로 시도해보세요.

마음을 활짝 열게 하는 말

말걸기 015 [기본]

BEFORE (말을 끊으며) 근데 말이야~

AFTER 응, 그렇구나

★POINT 부정하지 않고 이야기를 듣는 것이 신뢰의 바탕

아이의 이야기는 최대한 부정하지 않고 마지막까지 들어주는 게 가장 좋습니다. 어른도 하고 싶은 말이 많을 때 "근데 말이야"라며 누가 말을 끊으면 그 사람에게 속마음을 얘기하기 싫어집니다.

아이도 마찬가지입니다. 간단한 리액션으로 충분하니 "응, 그렇구나" 하며 부정하지 않고 들어주는 것만으로도 '이 사람은 내 마음을 다치게 하지 않는다', '나를 받아들여준다'라고 생각해 안심하게 됩니다. 이것이 부모 자식 간 신뢰의 바탕이 되지요.

평상시 집에서 무슨 얘기든 꺼내기 쉽도록 분위기를 만들면, 아이가 괴롭힘을 당했을 때도 부모님에게 도움을 요청하기 쉽습니다. 또, 평소 다른 사람의 말을 잘 듣지 못하는 아이라도 점점 자신의 기분을 말하는 일에 익숙해지고 나중에는 차분하게 상대의 이야기를 들을 수 있게 됩니다.

맞장구만으로 '잘 들어주는 사람'이 될 수 있다

맞장구에도 의외로 종류가 많습니다. 처음엔 익숙하지 않겠지만, 누구나 트레이닝을 하면 '잘 들어주는 사람'이 될 수 있습니다. 또한 아이에게 "네 말 듣고 있어"라는 메시지를 보내는 데는 표정이나 시선, 바디 랭귀지도 효과적입니다. 표정이나 몸짓으로 공감한다는 표현을 해주면 아이는 '내 말을 제대로 듣고 있구나'라는 느낌을 가집니다.

맞장구의 여러 가지 예	
공감하기	그렇구나 / 알아, 알아 / 그렇지
흥미 표현하기	그래~! / 그~래? / 그런 거구나
놀라기	응?! / 어어~?! / 아아~!
말 따라 하기	그렇구나, ~가 ○○이구나 / ~가 ○○이었어?
말 유도하기	그래서? / 그다음은? / 예를 들어?
기분 추측하기	그건 싫었겠구나 / 그건 좋았지?
바디랭귀지	작은 리액션을 하며 말을 듣다가 가끔 큰 리액션 하기 / 눈을 맞추기(단, 계속 보지 않기) / 안아주거나 어깨 등을 손으로 쓰다듬으면서 말을 듣기
동조하기	아이의 시선이 향해 있는, 같은 것을 보면서 이야기 듣기 / 아이가 웃을 때 웃고, 화낼 때 얼굴을 찡그리고, 힘들어할 때 미간을 찌푸리기

말걸기 016 [응용]

BEFORE 뭔 말이 이렇게 많아, 듣기 힘들어

AFTER 아~ 그랬구나

★POINT 한계가 느껴지면 말을 적당히 자른다

부모에게 여유가 없을 때는 아이의 말을 길게 들어주지 못할 때도 있습니다. 게다가 자기가 좋아하는 것에 대한 얘기를 멈추지 않는 아이, 마치 총 쏘듯이 끊임없이 재잘거리는 아이, 계속 새로운 주제로 넘어가서 이야기하는 아이 등 인내심을 가지고 들어주기가 솔직히 힘든 경우도 있지요.

그래서 한계가 느껴질 때 저는 이야기의 마지막에만 "그랬구나, ○○이었구나"라며 복창을 하거나, "그렇구나", "이제 알겠다" 하고 그 장소를 뜹니다(아이에게 조금은 불만이 생길지도 모르지만, 부모가 무리되지 않는 '가능한 범위' 내에서만 들어줘도 괜찮습니다).

아이가 불만이나 불안이 강할 때는 차분히 시간을 들여 이야기를 들어주고 싶지만, 호소하는 감정이 너무 강하면 인간 샌드백이 되어 부모의 감정 소모가 심해질 수도 있으니 적당히 끊는 것도 필요합니다.

전문상담사가 사람들의 심각한 고민을 계속 들어줘도 다음 날 또 일할 수 있는 것은 '상담 시간'이라는 테두리를 정해 놓았기 때문이지요.

이렇게 하기 힘든 가정은 "저녁 식사 준비를 해야 하니까 ○시까지만 들을게", "지금은 10분밖에 시간이 없어"와 같이 시간을 정하는 것도 육아 장기전에 임하는 좋은 방법입니다.

공감능력을 높여주는 말

말걸기 017 [기본]

BEFORE 안 아파, 괜찮아

AFTER 많이 아팠지?

★POINT 감정과 감각은 부정하지 않는다

아이가 넘어졌을 때, 빨리 울음을 그치게 하기 위해 "안 아파, 괜찮아"라고 말할수록 아이는 더 격하게 울어대는 걸 본 적 있으시죠? 이럴 때 아이의 아픔을 공감해주는 것이 결과적으로 빨리 울음을 그치게 하는 방법입니다.

이때, "많이 아팠지?"라고 과거형으로 말하면 '이젠 위험하지 않아'라는 사실을 전달할 수 있습니다. 아이가 느끼는 감정과 감각은 본인에게는 틀림없는 사실이기 때문에 이것만큼은 부정하지 말고 공감해주는 것이 중요합니다.

아이도 누군가에게 자신의 감정이 수용되면 안심이 되어 안정을 찾고, 객관적으로 자신을 바라볼 수 있게 됩니다. 즐거운 일도, 슬픈 일도, 화나는 일도, 부모가 곁에서 함께 아이의 감정을 이해해주면 아이의 공감능력이 높아지고 정서도 풍부해집니다.

말걸기 018 [응용]

BEFORE 그런 말 하는 거 아냐

- -

AFTER 그래, 그게 싫구나

- -

★POINT 부정적인 감정도 부정하지 않는다

아이의 이야기에 동의하며 듣고 있으면 "학교가 폭발해 버렸으면 좋겠어"라거나 "그 자식 너무 싫어"라는 속마음이 아이 입에서 툭하고 튀어나올 때가 있습니다.

도덕적으로 따지면 '저런 말은 해서는 안 되는데'라고 생각할 수 있지만, 부모는 그보다 아이의 편이 되어주는 것이 최우선입니다.

부정적인 감정이라도 "그렇구나, 학교가 싫구나", "그렇게나 많이 싫구나"와 같이, 부모가 먼저 아이의 감정을 받아주면 아이도 기분이 한결 나아져 긍정적으로 변하기도 합니다. 또 이런 대화를 계속하다 보면 학교에서의 따돌림 같은 일을 일찍 발견할 수도 있습니다.

다만 이때, 기본적으로 "그래, 그래"라며 부모가 아이와 함께 학교나 선생님, 친구들의 험담을 해서는 안 됩니다. 이는 불난 집에 기름을 붓는 격으로, 부정적인 감정을 부추겨서 상대의 싫은 부분이 부각되어 좋은 방향으로 해결하기 힘들어집니다.

그럴 땐 감정을 받아준 상태에서 아이의 마음이 어느 정도 가라앉으면 함께 해결책을 고민해주는 것이 바람직합니다.

말걸기 019 [응용]

BEFORE 원래 그런 거야, 네가 참아

AFTER 용서 못 해! 그런 사람은 ○○해야 해!

★POINT 불합리한 일에는 함께 울어주고 화내도 괜찮다

앞에서 부모가 아이와 함께 다른 사람의 험담을 하는 것은 좋지 않다고 말했지만, '예외'가 있습니다. 그것은 아이가 너무나 불합리한 경험을 했을 때입니다. 예를 들어 따돌림이나 폭력, 정신적·육체적인 학대 행위, 지나친 체벌이나 생활지도 등으로 너무하다고 생각되는 일에는 부모도 함께 분노해도 괜찮습니다.

아이는 그런 경험을 하면 자신의 감정을 닫아 버리고, 공포심으로 인해 속마음을 말로 전달하지 못할 수도 있습니다. 이렇게 '말하고 싶어도 말하지 못하는 마음'을 부모나 주변 사람들이 대신 표출해주면 쌓여 있던 감정이 한꺼번에 밖으로 터져 나와 마음 회복을 위한 첫걸음을 뗄 수 있습니다.

제 경우에는 아이 앞에서 혈관이 터질 것처럼 격노하며 화를 참지 못했습니다. 그리고 한참 후에 아이가 "그때 엄마가 엄청 화를 내줘서 기분이 좋았어"라고 말해주었습니다. 곁에서 함께 해주는 사람이 있으면, 아무리 힘든 일이 있어도 아이는 얼마든지 극복할 수 있다는 걸 잊지 마세요.

Q ▸ 아이 말을 들으면 '우리 아이가 따돌림을 당하고 있는 건가?'라는
걱정이 들지만 한편으로는 '애들 사이에서는 흔히 있는 일'
같기도 해서 어떻게 대처해야 할지 모르겠습니다.

A ▸ '애매한 느낌'을 '보이는 형태'로 만들어 증거로 쌓아 두세요.

밖에서 괴롭힘을 당했어도 어른에게 제대로 말을 못 하는 아이가 있습니다. 그러니 부모는 평소 아이의 말을 잘 들어주고, '상태가 이상하다'라고 바로 알 수 있도록 늘 관찰하는 것이 좋습니다.

괴롭힘은 잡초와 같이 빨리 발견할수록 뿌리가 약해서 싹을 자르기 쉽습니다. 이때, 상처를 입고 오거나 물건이 망가지는 등의 '눈에 보이는 괴롭힘'이 발생하면 학교 측에서도 발견하기 쉬워 해결이 빠릅니다. 문제는 '눈에 보이지 않는 괴롭힘'인데, 이를 '보이는 형태'로 만드는 것이 중요합니다. 예를 들어 무시, 놀림, 비웃기는 어른 입장에서 '애들끼리는 흔히 있는 일', '그 정도는 나도 겪었어'라고 생각되기 쉽지만, 아이에게는 그 일이 계속되면 고통입니다.

그러니 신경 쓰이는 일이 생기면 흔히 있는 일이라고 생각되더라도 날짜, 시간, 장소, 상대 이름, 인원수, 구체적 행동이나 대사를 기록하는 게 좋습니다. 그리고 아이에게 한계가 오기 전에 기록을 문서화하여 학교 측에 대응을 부탁하면 설득력이 높아질 것입니다.

상대의 기분을 배려하는 말

말걸기 020 [기본]

BEFORE ▶ 야! 너 지금 뭐 하는 거야!

AFTER ▶ 엄마는 그런 행동이 싫어

★POINT 주어를 '나'로 하고 기분을 말로 형태화한다

　　아이는 자라면서 이런저런 문제를 일으킵니다. 아이의 말을 공감하며 들어줘야겠다고 생각하다가도 자기도 모르게 설교나 잔소리를 하고 싶어질 때도 있을 거예요.

　　추후 자세히 설명하겠지만 여기에서는 기본적인 기분 전달법에 대해 얘기하도록 하겠습니다. 먼저, 주어를 아이가 아닌 '나'("나는", "엄마는" 등)로 하고, "나는 이렇게 생각해"라는 형태로 말해보세요.

　　주어를 상대로 하면 '비난받고 있다'는 인상을 줘서, 반항하고 싶어지고 말하는 사람도 주체성이 약해지기 쉽습니다. 익숙하지 않을 수 있지만 자신이 생각하는 것, 느끼는 것에는 "나는 이렇게 생각한다"라고 주어를 자신으로 해보세요.

　　그리고 느낀 점을 솔직하게 말로 전달하면 됩니다. 물론 "엄마, 너무 기쁘다", "아빠, 너무 즐겁다"와 같이 좋은 감정을 최대한 많이 전달하

여 아이도 자신의 기분을 말로 표현할 수 있게 되는 것이 가장 이상적인 모습입니다. 그렇게 되면 아이와의 소통이 훨씬 편해집니다.

말걸기 021 [응용]

BEFORE 네가 나빴네!

- -

AFTER ○○이는 싫지 않았을까?

★POINT 기분을 추측하게 하고 사람마다 느끼는 게 다르다는 사실을 알려준다

아이들끼리의 사소한 트러블에서 '아무래도 우리 아이가 잘못을 한 것 같다'라는 생각이 들 때는 부모로서 미안하기도 하고, 엄하게 설교를 하고 싶어지기도 합니다.

그러나 아이는 자신과 상대의 경계선이 명확하지 않습니다. 특히 상대의 기분을 상상하는 게 어려운 아이나 다른 사람이 '자신과 다르게 느끼는' 것에 익숙하지 않은 아이는 남이 싫어하는 행동을 악의 없이 하는 경우도 있습니다.

그렇기에 (진짜 속마음은 본인밖에 모르겠지만) 부모가 상대의 기분을 추측하여 "그런 건 ○○이가 싫지 않았을까?", "○○이는 그런 행동을 싫어할지도 모르겠다" 등, 그때마다 말로 표현해줄 필요가 있습니다.

그렇게 하면 차츰 아이 본인에게는 즐거운 일이더라도 '싫다고 느끼는 사람이 있겠구나', '나와 다르게 느끼는 사람도 있구나'라며 이해하는 경우가 늘어납니다.

말걸기 022 [응용]

BEFORE 그거 빨리 정리해!

AFTER 엄마는 지금 어떻게 생각하고 있을까요~?

★POINT 추측하면서 상대의 기분을 상상할 수 있도록 한다

아이가 기분을 말로 전달하는 것이 어느 정도 익숙해지면 부모의 기분을 아이에게 추측하게 해보세요.

특히 '살피는 일(관찰)'을 잘하지 못하는 아이에게는 말걸기를 통해 상대의 기분을 표정이나 태도로 추측하여 상상하는 힘을 길러줄 필요가 있습니다.

예를 들어 책상이 어질러져 있어 도저히 숙제를 할 만한 상태가 아닐 때가 있지요. 이럴 땐 일부러 얼굴을 책상에 가깝게 대고 과장되게 찌푸린 다음 "엄마는 지금 어떻게 생각하고 있을까요~?"라고 말하며 이끌어주면 아이는 엄마의 기분을 추측하기가 쉬워집니다.

타인의 상태를 잘 살피지 못하는 아이도 이런 대화를 반복하다 보면 자연스럽게 상대의 기분을 상상할 수 있게 됩니다.

불안감을 낮춰주는 말

말걸기 023 [기본]

BEFORE	그렇게 하면 안 할 거야!

AFTER	괜찮아

★POINT	협박하는 말은 부모 자신을 향한 '도와줘' 신호

쇼핑 중에 이따금 들려오는 "그렇게 하면 장난감 안 사줄 거야!", "넌 여기서 살아, 엄마는 집에 갈 거야!" 같은 협박은 아이에게 불안감을 느끼게 할 뿐만 아니라, 저에게는 엄마의 '도와줘!'라는 마음속 외침과 같이 느껴져서 마음이 아픕니다.

이런 말이 나올 시점이라면 다른 방법도 안 떠오르고 어떻게 해야 할지 속수무책인 상황이므로 엄마도 정말 난감하지요. 게다가 꼭 엄마가 여유가 없을 때 아이는 바닥에 누워 떼를 쓰며 울어댑니다.

이럴 때는 일단 심호흡을 하고, 아무런 근거가 없어도 좋으니 "괜찮아"라며, 아이와 자신을 안심시키는 말을 하세요. 아이와 엄마 모두 안정을 찾아야 다른 좋은 방법도 생각나기 쉽습니다.

여유가 없을 때는 생활 전반을 되돌아보자

만약, 머리로는 안 된다고 생각하면서도 자기도 모르게 아이의 불안을 키우는 말을 하고 있다면, 평소 생활을 다시 살펴봐야 합니다.

아이가 울고 날뛰는 일이 자주 반복되면 대화나 스킨십을 최대한 늘려서 아이의 마음을 안정시키는 것이 해결의 지름길이지만, 그전에 부모의 여유도 중요합니다. 다음 질문에 답해볼까요?

- 충분한 수면과 식사를 취하고 있나요?
- 조금이라도 휴식 시간을 가지고 있나요?
- 배우자는 지금 당신의 상황을 알고 있나요?
- 아이 이외에 말할 상대가 있나요?
- 육아 이외의 일에 관심을 가질 시간이 있나요?
- 아이를 맡아서 보살펴줄 보육시설이 가까이에 있나요?

만약 '있다'라고 답한 항목이 적다면 일상에 여유가 없을 겁니다. 부모가 협박하는 말 이외에 아이를 컨트롤할 수 있는 수단이 없을 정도라면 막다른 길에 몰려 있는 심리 상태라고 봐야 합니다.

이럴 때는 일시적이라도 일의 양을 줄이고, 거절할 수 있는 일은 거절하며, 주변에 도움을 청해 어떻게든 물리적으로 생활을 개선해야 합니다. 삶에 지쳐 번아웃이 올 것 같으면, 자신과 아이를 몰아붙이지 말고 물리적으로 개선할 수 있는 것에 시선을 돌릴 필요가 있습니다.

아이를 안심시키기 위해서는 부모의 안정이 먼저

아이가 불안정한 시기에 있거나, 선천적으로 불안감이나 충동성이 강하면 의식적으로 '안심시킬 수 있는 말걸기'를 최대한 많이 하도록 노력해야 합니다. 불안감을 전체적으로 조금씩 낮춰 패닉 상태나 짜증을 줄이면 아이는 점차 안정감을 쉽게 찾을 수 있습니다.

아이를 안심시키는 말걸기의 예	
상태 묻기	무슨 일 있어? / 괜찮아? / 걱정되는 일 있어?
기다리기	천천히 해도 돼 / 기다릴게
지켜보기	여기 있을게 / 여기서 보고 있을게
동의하기	그 정도면 됐어 / 오케이! / 좋았어
마음의 안전지대 되어주기	다녀와 / 언제라도 와 / (부모의 옆자리를 툭툭 치며) 여기 비어 있어 / 잘 다녀왔어?

또한 아이의 안정에 도움이 되는 물건이나 장소를 사전에 파악해 놓으면 불안할 때는 물론, 재해 시에도 도움이 됩니다. 예를 들어 제 아이들에게는 자신이 좋아하는 인형, 엄마의 말랑말랑한 팔뚝, 아빠의 아저씨 냄새가 베인 베개 등이 안정감을 주는 물건입니다.

그리고 아이를 안심시키기 위해서 부모는 몸과 마음에 여유가 있고, 언제나 안정되어 있어야 합니다. 하지만, 현실적으로 좀처럼 그렇게 되지 않지요. 매일 예상치 못한 일들이 벌어지기 때문이죠.

그럼에도 불구하고 '지금 나는 지쳐 있다', '짜증이 나기 시작했다'와 같이 자신의 감정이나 컨디션을 의식하려는 습관을 가질 필요가 있습니다. '괜찮아. 그럴 때는 이렇게 하면 돼'라고 머릿속으로 생각하는 것만으로도 달라질 테니까요.

회복탄력성을 높이는 말

> **말걸기 024 [기본]**
>
> **BEFORE** 비 안 왜! 괜찮아~
>
> --
>
> **AFTER** 오늘은 비 올 확률이 30% 정도인데, 걱정되면 우산을 챙기면 돼
>
> --
>
> **★POINT** 예측이 안 되는 일은 미리 대처법을 생각하게 한다

　　인생 경험이 적은 아이는 앞으로 일어날 일에 대한 예측이 어렵습니다. 특히 예측이 되지 않는 일에 대한 불안감이 강한 아이나 '평상시와 다른 것'을 불편해하는 아이는, 갑자기 비가 내리거나 하면 패닉 상태가 되어 강한 스트레스를 느낄 수 있습니다.

　　이 경우에는 "괜찮아, 괜찮아"라며 등을 떠미는 것보다, 미리 '지금부터 일어날 일, 일어날 것 같은 일'을 분명하게 설명하여 "그때는 이렇게 하면 돼"라고 구체적인 대처법을 알려줘야 합니다. 그것이 아이가 안심하며 패닉 상태를 피할 수 있는 방법입니다.

　　다만, 부모도 모든 가능성을 예측할 수 없기 때문에 "예정은 바뀌기도 한다", "예상대로 안 될 때도 있다"와 같이 예외의 가능성을 언급해야 합니다. 그리고 "우산이 없을 때는 선생님께 말하면 돼"라며 도움을 얻을 수 있는 방법을 알려주면 부모도 안심할 수 있습니다.

불안감이 높으면 생활의 패턴화가 답

평상시와 다른 것을 불편해하는 아이에게는 규칙적인 생활이 몸과 마음을 안정적으로 유지하는 방법이 될 수 있습니다. 또한 여행 등 평상시와 다른 일에 대해 사전에 상세히 설명하고, 아래와 같이 아이에게 맞는 예정표, 행동표를 만들면 불안감이 줄어듭니다.

아이를 안심시키기 위한 노력의 예	
생활의 패턴화	• 등교 시간을 알람 설정해 놓는다. • 가족이 같은 시간에 출근한다.
예정표, 행동표 만들기	• 가족 여행의 일정을 짜고 지도나 숙박시설의 사진을 프린트한 일정표를 준비한다. • 운동회 프로그램 순서, 화장실 가는 시간, 점심 약속 장소를 써 놓는다.

육 아 의 법 칙

베테랑 소아과 의사의 예방접종 법칙

우리 집 아이들이 자주 찾는 소아과 의사 선생님은 예방접종할 때 아이가 울어대면 아이의 손등을 살짝 꼬집으면서 "조금 아프겠지만, 아마 이 정도일 거야"라고 미리 체험을 시킵니다. 그리고 "따끔할 거야" 하며 예

고한 후, 재빠르게 주사를 놓습니다. 그리고 "참 잘했어!"라며 칭찬으로 과자를 줍니다. 이제 아이들은 (마지못해) 주사가 괜찮아졌습니다.

좌절이나 상실 경험과 같이 인생에는 아무리 노력해도 절대 피할 수 없는 시련이 있습니다. 하지만 마음의 준비로 예방접종을 해놓고 나중에 마음의 상처를 잘 돌보면 약간 따끔하고 끝날 수 있지요.

지속적인 관심을 보이는 말

말걸기 025 [기본]

BEFORE 어휴 정신없어, 바쁘다 바빠!
- -
AFTER 어? 키가 큰 것 같은데?
- -
★POINT 아이 행동을 관찰하면 육아 힌트가 가득하다

하루하루 정신없이 지내다 보면 아이의 성장을 눈치 챌 틈도 없지요? 저도 작은 아이가 태어난 후, 첫째 아이가 울며 떼를 쓸 때면 너무 힘들어서 아이를 지켜볼 여유가 전혀 없었습니다.

그렇지만 아무리 나중에 반성을 한들 그때의 아이와는 다신 만날 수 없기 때문에 '지금'에 충실해야 합니다. 아이를 찬찬히 관찰하다 보면 육아에 대한 힌트도 꽤 얻을 수 있습니다.

관찰에 능숙해지기 위해 중요한 점은 행동에 주목하는 것입니다. '아이들이 화내는 원인은 이런 행동일 때가 많다'거나, '하지만 화해할 때는 이런 행동을 한다' 등 말이죠.

그리고 "어? 키가 큰 것 같은데?"와 같이 새로 찾은 '좋은 정보'를 아이들에게 그때그때 전달하면, 아이에게 '아무리 바빠도 너를 계속 지켜보고 있다'라는 메시지를 전해주게 됩니다.

말걸기 026 [응용]

BEFORE 설마 갑자기 우리 애가…

AFTER 요즘 기운이 없네. 무슨 일 있어?

★POINT 평소에 보고, 듣고, 쓰다듬자

아이의 미묘한 변화를 놓치지 않으면 마음속 고민을 어느 정도 알 수 있습니다. 그러기 위해서는 평상시의 관찰이 핵심입니다. 평소 의식하면서 관찰하면, 아이의 '보통 때'가 어떤 모습인지를 알 수 있게 되고 어느 날 '왠지 보통 때와 다르다'라고 느낄 수 있습니다. 보통 때 최대한 많이 보고 듣고 쓰다듬고 대화를 나누면, 아이에게 어떤 일이 생겨도 금방 느낌이 오게 됩니다.

육아의 법칙

'인기남은 부지런하다' 법칙

인기 있는 사람은 상대의 작은 변화를 놓치지 않고 그때마다 "어? 오늘은 헤어스타일이 다르네"와 같이 말해주고, 상대가 좋아하는 것이나 관심 있는 것, 기념일도 기억합니다. 이렇게 자기를 신경 써주는 사람을 싫어하는 사람은 거의 없을 거예요(스토커가 아니라면!). 육아도 같습니다. 부지런히 애정을 전하는 부모에게 아이의 마음이 열립니다.

Q ▶ 아이가 아침에 "학교 가기 싫어"라고 했는데, 왠지 평상시와
다른 느낌이었습니다. 이럴 때 학교를 안 보내도 될까요?

A ▶ 부모의 감(感)을 믿고 종합적으로 판단하여 쉬게 해도 됩니다.

아이가 "학교 가기 싫어"라고 말할 때는, 조금 피곤하거나 집에
서 게임을 하고 싶은 땡땡이 모드부터 죽고 싶을 정도로 정말 힘든
상태까지 여러 단계가 있습니다.

그러니 일률적으로 '무슨 일이 있어도 학교에 보낸다' 또는 '바
로 쉬게 한다'고 하지 말고, 상황에 맞게 적절히 판단해야 합니다.

이때 도움이 되는 것이 '부모의 감'입니다. 부모의 감은 전혀 근
거 없는 것이 아니라, 평상시의 관찰과 경험치에서 나오는 '방대한
데이터를 바탕으로 한 종합적인 판단력'입니다.

'왠지 평상시하고 다르다'라고 직감적으로 느껴진다면 일단은
학교를 쉬게 해도 괜찮습니다. 아무리 힘들어도 얘기를 하지 않는
아이도 있으므로 때로는 부모가 멈추게 해줄 필요도 있습니다.

그다음에 어떻게 할지는 아이가 집에서 '평상시의 모습'으로 돌
아온 후, 아이와 함께 생각하면 됩니다. 최소한 신체의 안전이 보장
되고, 아이의 몸과 마음이 모두 어느 정도 건강한 상태가 되면 편하
게 이야기할 때가 올 거예요.

아이의 자아를 해치지 않는 말

말걸기 027 [기본]

BEFORE 이렇게 해!
- -
AFTER 이렇게 하고 싶은데 그래도 돼?
- -
★POINT 아이를 위한 것이어도 강제적으로는 안 된다

아이와의 애착 관계가 강하면 부모와 자식 간에 '일체감'을 느끼게 됩니다. 일체감은 아이를 키우는 데 있어 중요한 원동력이 되기도 하지만, 너무 지나치면 '과잉보호, 지나친 참견'을 부릅니다. 뭐든지 부모가 관리·강제하여 생각과 행동을 컨트롤하려고 하는 것이죠.

그러므로 애착 관계를 중요하게 생각하면서도 아이의 생각도 존중하고, 부모 자신에게도 적당한 브레이크를 거는 연습이 필요합니다.

'아이를 위해', '잘됐으면' 하는 마음이 크면 부모는 계속해서 아이에게 여러 가지를 시키고 싶어집니다. 이럴 때는 "이렇게 하고 싶은데 그래도 돼?"라며 충분히 설명한 다음 아이의 생각을 확인하고, 아이가 납득하고 허락한 후에 이야기를 진행해야 합니다.

아무리 좋은 일이라도 본인이 할 마음이 없으면 적극적으로 움직이

지 않을뿐더러 지속하기도 힘듭니다. 그러니 아이 생각을 먼저 확인하세요.

아이는 '성장의 줄다리기'를 하면서 자립을 향해 간다

아이를 응석받이로 키우면 "과잉보호"라는 말을 듣고, 방치하면 "부모 맞냐"라는 말을 듣습니다. 그래서 도대체 어떻게 해야 하느냐는 고민을 하는 분도 있을 겁니다.

'과잉보호·지나친 간섭'과 '방치·무관심' 둘 중 어느 한쪽으로 너무 치우치지 않고, 그 중간의 '적절한 보호·적절한 간섭'의 범위에서 부모와 자식이 줄다리기를 해야 합니다. 고민하면서도 '왔다 갔다'를 반복하는 것이 아이의 성장에 적합한 부모와의 관계법입니다.

아이는 '기대고 싶다'는 불안감과, '혼자 할 수 있다'는 호기심 사이에서 흔들립니다. 그러므로 기대고 싶어 할 때는 기대게 하고, 도전하고 싶어 할 때는 떨어져서 지켜봐주세요. 아이가 자립을 향해 한 걸음씩 성장할 수 있습니다.

다만, 원래 불안감이 많은 아이나 호기심이 강한 아이는 어느 한쪽으로 치우치기 쉽기 때문에 평상시에 부모가 더 관심 가질 필요가 있습니다.

말걸기 028 [응용]

BEFORE ▶ 방 치우라고 했지?

AFTER ▶ 엄마가 정리할 건데 괜찮겠어?

★POINT 강제할 수밖에 없는 경우에도 한 마디 해주면 결과가 달라진다

대부분의 아이들은 어느 정도 자라면 자아와 고집이 드러납니다(무감각한 아이도 있습니다). 특히 사춘기 때는 자신의 방에 허락 없이 들어오는 것을 극도로 싫어하거나, 학교에 가 있는 동안 엄마가 마음대로 방을 치우면 미친 듯이 화를 내기도 합니다. 수십 년 전의 자신을 떠올려보면 비슷한 기억이 나는 분도 꽤 많을 것입니다.

그렇더라도 아이 방이 심하게 어질러져 있으면 '이대로 놔두었다간 귀신이라도 나올 것 같다'는 위기감에 어쩔 수 없이 강제집행 해야 하는 경우도 있습니다.

그럴 때는 경찰이 법원의 영장을 보여주고 수색하는 것과 같이, "방 치울 건데 괜찮지?"라며 사전에 예고하고 집행하는 것이 좋습니다(그게 싫다면 스스로 벌떡 일어나겠죠).

방 정리뿐만 아니라, 아이에게 어느 정도 강제해야만 하는 상황에 "이렇게 할 건데, 괜찮지?"라며 사전 예고를 하는 것만으로도 아이가 느끼는 불합리함과 저항감이 훨씬 줄어듭니다.

스스로 생각하게 하는 말

말걸기 029 [기본]

BEFORE ▶ 뭐든지 남기지 말고 다 먹어야 해!

- -

AFTER ▶ 밥하고 빵, 어느 쪽이 좋아?

- -

★POINT 제한된 조건이라도 스스로 선택하면 의욕이 생긴다

　　　　다음 단계는 '선택지에서 고르게 하기'입니다. 예를 들어 아이의 편식을 고치기 위해 다 먹도록 강요하면 압박을 느껴 갑자기 막무가내로 나올 수도 있습니다. 물론 음식을 소중하게 생각하는 것도 중요하지만, 식사 자체가 고행이 되면 아무 소용이 없습니다. '식사 = 즐거운 시간'이 되면 아이의 행복도도 올라갑니다.

　이럴 때는 작은 범위라도 좋으니 선택지에서 고르게 하는 것을 추천합니다. 현실적으로 가능한 선택지를 몇 가지 제안하고 고르게 하면 메뉴에 자신의 의지가 반영되어 즐거워합니다.

　그리고 선택지가 없을 때는 음식을 담을 때 "밥 얼마나 먹을 거야?"라고 아이의 적정량을 묻는 것도 괜찮습니다. 식사뿐만 아니라 다른 경우에도 뭐든지 스스로 선택하게 하면 어른이나 아이 모두 적극적으로 됩니다.

편식을 줄이기 위한 노력

아무리 그래도 아이의 편식은 부모에게 걱정거리입니다. 하지만 일단 세 끼를 먹고 활동과 성장에 필요한 에너지를 섭취하면 된다는 생각으로 너무 몰아세우지 않는 것이 좋습니다.

미각이나 촉각(식감), 후각 등의 예민함이 원인인 편식은 성장과 함께 자연스럽게 완화되기도 합니다. 다만 지금 편식을 조금이라도 개선하고 싶은 경우에는 맛이나 냄새, 모양에 익숙해지도록 하여 그 재료가 안전하다는 생각을 가질 수 있도록 하는 게 중요합니다. 예를 들어 '큰 접시에 담아서 싫어하는 것은 골라 먹어도 된다고 하기', '아이와 간단한 요리를 함께 만들어 음식 재료에 익숙해지게 하기', '외식은 푸드코트나 뷔페 같이 다양한 메뉴를 선택할 수 있는 곳에서 하기'가 있습니다.

육 아 의 법 칙

엄마를 절제하게 만드는 어머니회 법칙

제가 속했던 어머니회는 아이의 입학과 동시에 부모의 의사와 상관없이 가입되고, 임원이 되면 무슨 일이 있어도 모임에 참가해야 했습니다. 아무리 아이를 위한 모임이라도 강요한다는 느낌이 들면 거부감을 갖는 게 당연합니다. 그렇기에 저는 아이에게 무언가 강요하고 싶어지면 어머니회를 떠올리며 마음을 다스리고 있습니다.

어떤 아이는 표현력이 부족해서 자신의 생각을 능숙하게 전달하지 못하는 경우도 있습니다. 또 어떤 아이는 다른 사람을 너무 신경 쓰다가 자신의 태도를 분명하게 취하지 못하기도 합니다.

이런 아이에게는 처음에 부모가 몇 가지 선택지를 준비해주면 아이가 자기 의사를 좀 더 쉽게 표현할 수 있습니다. 중요한 것은 '0 아니면 100'과 같이 극단적인 선택지를 주지 않고, 선택한 결과에 대해서 나중에 부모가 왈가왈부하지 않는 것입니다.

예를 들어, 아침에 아이가 등교(등원) 준비를 안 할 때, 그렇다고 아이가 가기 싫다고 떼를 쓰는 것도 아니라서 도대체 무얼 원하는지 잘 모르겠을 때, 정말 답답했던 적이 있으신지요?

이럴 때는 '갈지, 안 갈지' 중 하나가 아니라 엄마가 현실적인 '절충안'이나 '타협안'을 제안하여 아이 스스로 선택하게 해보세요. 아이에게 생각할 여지를 주면 '배가 좀 아프기는 하지만, 체육 시간에 교실에서 쉬면 되니까' 등 자신만의 해답을 이끌어 냅니다.

아이의 동의를 얻는 말

말걸기 031 [기본]

BEFORE 장난치지 말고 똑바로 말해!

AFTER 이번 주 일요일, 어디 가고 싶어?

★POINT 의견을 들으면서 적당한 합의점을 찾는다

아이의 의견을 확인하는 과정에서, '의사를 확인하기', '선택지에서 고르게 하기'에 이어 나오는 단계는 '의견을 수용하기'입니다. 처음에는 아주 사소한 것에서부터 시작해도 됩니다.

"어디 놀러가고 싶어?", "뭐 먹고 싶어?"와 같이 일단은 자유롭게 의견을 물어보세요. 그러면 간혹 "하와이!", "회전하지 않는 초밥♪"이라고 엉뚱한 말을 해서 "장난치지 말고 똑바로 말해!"라는 말이 나오게도 하지만, 그래도 괜찮습니다.

이때 "그럼, 이건 어때?" 하며 대안을 내고, 아이도 "그럼 이건?"이라며 다른 희망사항을 말하게 합니다. 이걸 반복하여 "그럼 놀이공원 갈까?", "돌아올 때 초밥 포장해서 먹을까?"라는 현실적인(!) 합의를 볼 때까지 대화하는 것이 중요합니다.

이렇게 어느 정도 자신의 의사가 반영되면 점차 가족의 일원이라는

느낌이 생기고, 가족 일을 정할 때 아이가 협조적인 태도를 취합니다.

말걸기 032 [응용]

BEFORE 싫으면 싫다고 처음부터 말했어야지!

AFTER 원래 뭘 하고 싶었어?

★POINT 나중에라도 괜찮으니까 감정을 보듬어준다

소극적인 아이는 무언가를 결정할 때 아무 말도 하지 않는 경우가 많습니다. "(반대 의견이 없기 때문에) 이걸로 됐어"라고 결정한 후에야 칭얼대거나 투덜거리며 적극적으로 행동하지 않는 경우도 있습니다. 이런 타입의 아이는 의외로 다루기가 어렵지요.

예를 들어 가족끼리 놀러가기로 결정해 놓고, 도착하자마자 "피곤해"라고 하거나, 식사를 하면서 "맛없어"라고 불만을 말할 때가 있습니다. 그럴 땐 "싫으면 싫다고 아까 말했어야지!"라며 욱하게 됩니다.

이런 아이는 주위 사람을 너무 의식해서 자신의 기분을 억누르고 살다가 속에 불만이 쌓이기 쉽습니다. 모두를 위해서 참는 아이가 있기에 집단이 원활하게 돌아가는 것도 있지만, 자신을 항상 억누르며 살다 보면 나중에 크나큰 고통으로 이어질 수도 있습니다.

이런 아이에게는 나중에라도 "원래는 뭘 하고 싶었어?"라고 물어보며 아이의 마음을 헤아려주면 좋습니다. 그리고 "다음 주에는 ○○이가 가고 싶은 곳에 가자"라며 감정을 보듬어주세요.

Q ▶ 아이가 발달장애 진단을 받았습니다. 그런데 가벼운 정도여서

초등학교의 특수반이 좋을지 보통반이 좋을지 고민됩니다.

A ▶ 아이와 함께 견학한 후, 아이의 의견을 존중하여 결정합니다.

소수 인원으로 운영되는 특수반에서는 아이들 속도에 맞춰 공부를 할 수 있습니다. 그리고 사람이 많을 때 불안해하는 아이에게도 안정감을 줄 수 있습니다.

하지만 이것은 어디까지나 일반론입니다. 아이가 다니는 학교의 특수반은 부모가 직접 확인해야 합니다. 학교나 지방자치단체에 따라 충분한 지원과 인력 확보가 어려운 경우 특수반에서 아이의 이해도에 맞춘 학습이나 지도를 하지 못할 수도 있습니다.

그러므로 입학 전이나 입학 후라도 특수반을 생각했다면 먼저 아이와 함께 견학을 해보고, 선생님에게서 충분한 설명을 들은 후에 결정하는 것이 좋습니다. 그리고 알기 쉬운 말로 아이에게 특수반과 보통반의 장단점을 설명한 뒤 아이의 의사를 존중하며 대화를 나눠야 합니다. 아이가 이해하게 되면 적응도 빨리 할 수 있습니다.

또한 특수반과 보통반 수업을 함께 받으며 차후에 보통반으로 소속되는 경우도 있습니다. 그러므로 둘 중에 하나를 선택해야 한다는 생각을 버리고 유연하게 바라보면 좋겠습니다.

마음의 상처를 남기지 않는 말

Step 21

> **말걸기 033 [기본]**
>
> **BEFORE** 몰라! 네 맘대로 해!
>
> --
>
> **AFTER** 미안해, 엄마가 너무 심하게 말했네
>
> --
>
> **★POINT** 잘못했으면 내 아이라도 솔직히 사과한다

부모도 사람입니다. 감정에 브레이크를 걸지 못해 말이 폭주해서 자기도 모르게 심한 말을 하고 힘들게 쌓아온 부모와 아이의 애착 관계를 한순간에 무너뜨려 버리기도 합니다. 그럴 때는 나중에라도 괜찮으니 아이에게 사과할 수 있어야 합니다.

사과만 한다고 다 해결되는 것은 아니지만, 그래도 그대로 두는 것보다는 훨씬 낫습니다. "미안해, 엄마가 너무 심하게 말했네", "좀 더 상냥하게 말할 수 있었는데", "엄마가 오해했네, 미안"처럼 말이죠.

부모라도 잘못을 할 수 있습니다. 그럴 때 자신의 잘못을 인정하고 방향을 수정하면 됩니다. 아이를 키우면서 자존심을 세우는 태도는 전혀 도움되지 않습니다. 그리고 부모가 가까이에서 '사과의 본보기'를 보여주면 아이가 친구랑 싸웠더라도 금방 화해할 수 있게 됩니다.

화해를 위해 기분 풀어주는 방법

부모가 아이에게 잘못을 했으면 사과해야 하는 건 알지만 고분고분 사과하기 힘들 때도 있습니다. 아이도 사과를 받았는데 마음이 풀리지 않을 수 있습니다.

그럴 때는 아이의 마음이 풀릴 때까지 기다렸다가 별일 없었던 듯 아이의 기분에 맞추며 화해를 시도해보세요(부부싸움 후에도 효과가 있습니다).

아이의 기분을 풀어주기 위한 노력

◦ 아무 일 없는 듯 옆에 앉는다.
◦ 부모의 무릎을 비워 둔다.
◦ 아이가 좋아하는 음식을 만들어준다.
◦ 같은 놀이를 함께 한다(TV나 만화 함께 보기).
◦ 아이가 놀고 있을 때 "뭐해?"라며 슬쩍 들어간다.
◦ 아이 앞에서 아이의 흥미를 유발할 수 있는 것으로 유혹한다(새로운 물건, 예쁜 물건 등을 살짝 보여준다).
◦ 아이가 어려움에 처했을 때 '짠!'하고 나타나서 도와준다.

비법은 조금씩 터치를 늘려가면서 아이가 무심결에 웃을 만한 행동을 하는 겁니다. 아이가 웃으면 기분이 풀렸다는 신호이지요.

A ▶ 부모와 아이의 관계 회복에 '늦음'이란 없습니다.

안심하세요. 저도 그렇습니다! 하지만 처음부터 자전거를 잘 타는 아이가 없는 것처럼 아이를 낳은 날부터 한 번의 흔들림 없이 바르게 아이를 키울 수 있는 부모도 거의 없다고 생각합니다.

가끔 넘어지고, 길을 잃어 미아가 되면서도 지금까지 그럭저럭 아이를 키워온 자신을 칭찬해주세요. 다만, 시간이 흘러서도 넘어져 생긴 오래된 상처가 아프거나, 길을 잃었을 때의 불안한 경험이 그후 부모와 자녀와의 관계를 틀어지게 만드는 경우도 있습니다.

하지만 부모와 아이와의 관계 회복에 '늦음'이란 없습니다. 나이가 들고, 몇 년이 흘러도 상관없습니다. 아이는 기다려줍니다.

제가 어린아이였을 때, 어머니에게 상처를 받았던 날 어머니가 자신이 잘못했다며 진심으로 사과한 적이 있습니다. 그 일은 어머니가 돌아가신 지금까지도 제 삶의 버팀목이 되어주고 있습니다.

어느 누구도 완벽한 부모가 될 수 없습니다. 부모라도 아이에게 잘못하는 일이 있을 수 있습니다. 그 사실을 알았으면 받아들이고 행동을 고치면 됩니다.

과거의 아픔을 치유하는 말

Step 22

말걸기 034 [기본]

BEFORE ▶ 네가 어릴 때 육아에 신경 쓸 여유가 없었어

AFTER ▶ 넌 장난꾸러기에다가 굉장히 귀여웠어

★POINT '지금' 할 수 있는 일은 얼마든지 있다

인간은 과거로 돌아갈 수 없지만, 과거에 대한 인식은 바꿀 수 있습니다. 예를 들어 아이를 대하는 올바른 방법을 몰라서 매일 아이에게 화를 냈다거나, 다른 일 때문에 쌓인 스트레스를 아이에게 풀다가 상처를 준 일을 후회하고 있지는 않으신지요(저도 있습니다).

하지만 너무 걱정 마세요. '지금'이라도 할 수 있는 일이 얼마든지 있습니다. 아이가 기억하거나 기억하지 못하거나 상관없이 아이에게 신경 쓸 여유가 없었던 때 충분히 주지 못했던 애정을 나중에라도 줘서 행복한 기억으로 남길 수 있습니다.

애정의 양과 표현력이 반드시 비례하지는 않습니다. 풍부한 표현보다는 애정을 얼마나 알기 쉽게 아이에게 전달하느냐에 따라 아이가 부모의 애정을 느끼는 정도가 달라집니다.

BEFORE 그때 좀 더 ○○을 해줬으면 좋았을 텐데

AFTER 지금 해줬으면 하는 게 있어?

★POINT 기분을 묻고, 부모만이 해줄 수 있는 것을 찾자

'좀 더 ○○해야 했었는데'와 같이, 아이를 키우면서 생기는 후회는 계속해서 튀어나오는 것 같습니다. 어릴 때부터 음악이나 영어를 가르쳤어야 했는데', '매일 책을 읽어줬어야 했는데'. 이렇게 생각하는 분도 있을지 모르지만, 부모가 후회하는 것 중에서 아이의 성장에 정말 필요했던 것은 그렇게 많지 않습니다.

아이의 마음속에 있는 소망은 자신만이 알고 있기 때문에 부모는 주의 깊게 아이의 기분이나 소망을 확인해서 지금 할 수 있는 것을 가능한 범위 안에서 해줘야 합니다.

부모의 힘만으로는 아이가 원하는 것을 모두 이루어줄 수 없지만, 부모만이 해줄 수 있는 것도 수없이 많습니다. 만약 아이가 "안아줘"라고 말한다면, 안아주기 힘들 정도로 아이가 컸다 하더라도 아이가 만족할 때까지 부모의 무릎 위에 앉혀주면 됩니다.

정말로 아이가 원했던 것을 시간이 지난 다음에 알게 되었다면 그때부터라도 넘칠 정도로 원 없이 해주세요. 그렇게 하면 아이 마음속에 있는 작은 구멍이 메워지고 안정적으로 성장하게 됩니다.

고마움을 쉽게 전하는 말

말걸기 036 [기본]

BEFORE	이 정도는 해야지
AFTER	고마워
★POINT	'고마움의 씨앗'을 찾아서 말로 전한다

작은 일이라도 "고마워"라고 말로 전달하는 습관을 들이면 거짓말이 아니라 정말 인생이 바뀝니다.

일상 속에는 '고마움의 씨앗'이 여기저기 많이 떨어져 있습니다. 하루하루를 바삐 살다 보면 모를 수도 있지만, 조금 멈춰 서서 눈을 크게 뜨고 보면 찾을 수 있습니다.

특히 얼핏 보면 '하는 게 당연하고, 할 수 있는 게 당연하다'라고 생각되는 일 중에 고마움의 씨앗이 가득 차 있습니다. 하지만 발견한다고 한들 말로 내뱉지 않으면 거기서 싹이 나지 않습니다.

작은 일에라도 "고마워"를 버릇처럼 계속해서 말하다 보면 점점 아이도, 엄마, 아빠도 "고마워"라는 말을 편하게 말로 내뱉을 수 있게 될 겁니다. 처음에는 조금 부끄러운 느낌이 들지도 모르지만, 속는 셈 치고 해보지 않으시겠어요?

'고마움의 씨앗'을 찾는 포인트

육아를 할 때 '당연히 이 정도는 해야 한다'라고 생각하기 쉬운 일을 떠올려보세요. 이를 중심으로 찾아보면 다음과 같이 고마움의 씨앗이 떨어져 있을지도 모릅니다.

○ 아이가 조금이라도, 서툰 것을 참고 협력할 수 있게 되었다.

  예 기다리는 것을 잘하지 못하는 아이가 줄을 서게 되었다. / 앉아 있는 게 힘든 아이가 식사 전에 자리에 앉았다.

○ 아이가 조금이라도, 타협이나 양보를 할 수 있게 되었다.

  예 다른 가족에게 TV 리모컨을 양보했다. / 일정을 바꿨지만 함께 행동했다. / "죄송합니다"라고 말할 수 있게 되었다.

○ 아이가 조금이라도, 가족과 타인을 배려하는 행동을 할 수 있게 됐다.

  예 집안일을 도와줬다. / 화장실 변기를 스스로 닦았다. / 가족의 기분이나 몸 상태를 신경 쓴다.

○ 아이가 조금이라도, 가족이 하지 못하는 일을 받아들였다.

  예 형제가 준비하는 걸 기다려주었다. / 상대의 실수를 용서할 수 있게 되었다. / 함께 뒷정리를 해주었다.

○ 정말 사소한, 작은 일들에 재빨리 도움을 주었다.

  예 간장을 가져다주었다. / 물건을 들어주었다. / 문을 열거나 닫아주었다. / 쓰레기를 쓰레기통에 넣었다. / 다 쓴 물건을 원래 자리에 가져다 두었다.

아이가 위처럼 조금이라도 가족을 도와주면 "고마워"라고 말해보세요. 고마움 찾기가 능숙해지면 부모도 인생이 풍요로워집니다.

말걸기 037 [응용]

BEFORE 항상 미안합니다

AFTER 항상 고맙습니다

★POINT 내 아이가 손이 많이 가는 아이일수록 주위 사람에게 감사를 전하자

손이 많이 가는 아이를 키우다 보면, 부모는 어쩔 수 없이 주위 사람들에게 사과하는 일이 많아지고, 주눅 드는 일이 많이 생깁니다. 그렇더라도 "감사합니다", "미안합니다"를 남발할 필요는 없고, 평상시보다 조금 더 마음을 담아 말하면 됩니다.

학교 선생님이나 이웃, 엄마 친구, 자주 가는 동네 가게 점원에게 "항상 고맙습니다", "전에 고마웠습니다"라는 말로 기회 있을 때마다 감사를 전해보세요.

학교 알림장에 사인을 할 때 담임선생님에게 '고맙습니다'라는 정형화된 문구를 쓰는 것도 방법입니다. 부모가 항상 고마움을 표현하면 점차 주변에서 '문제아 ○○이'가 아닌 따뜻한 눈으로 지켜보게 됩니다.

그리고 아이도 부모의 모습을 본받아 자연스럽게 "고마워"를 말할 수 있게 되면, 약간의 실패를 하더라도 주위 사람의 이해나 협력을 쉽게 얻을 수 있습니다.

CHAPTER 3

자신감이 자라나는
말걸기

부모와 자녀 사이의 애착 관계가 끈끈해지면 다음 단계는 '자신감 키우기'입니다. 아이의 자신감을 키우기 위해서는 무조건 칭찬하기보다 아이만의 노력을 알아봐주고 뭘 잘하는지 관찰해서 긍정적인 말을 최대한 많이 해주는 것이 좋습니다.

그렇게 하기 위해서는 부모가 지금까지의 상식이나 가치관에 얽매이지 않아야 합니다. 그리고 아이를 '잘하는 아이'로 인정해주면 아이에게도 의욕이 생겨 표정에서 자신감이 보이게 될 거예요.

일상의 노력을 칭찬하는 말

처음에는 '무사히 태어나줘서 고맙다'라는 마음뿐이었는데, 언젠가부터 '이걸 할 수 있다면 저것도, 저걸 할 수 있으면 이것도'라며 욕심이 생기는 게 부모의 마음입니다.

아이가 어느 정도 잘하는 일이 생기면 자기도 모르게 '이 정도 할 수 있는 건 당연해'라는 생각이 들고, 아이가 매일 하는 노력이 눈에 보이지 않게 됩니다. 하지만 만약 배우자가 '내가 집에 왔을 때 저녁밥이 준비되어 있는 건 당연하지'라는 생각을 가지고 있다면 "밥 차려주는 것만으로도 고마운 줄 알아!"라고 하겠죠?

아이도 마찬가지입니다. 얼핏 보면 '당연히 해야 하는 일, 당연히 할 수 있어야 하는 일'로 여겨지는 학교 가기, 숙제하기 등에 담겨 있는 노력을 부모가 알아주고 "참 잘했어"라며 인정해주는 것만으로도 아이는 달라집니다.

이미 일상이 된 아이의 노력은 부모가 쉽게 여길 수 있습니다. 하지만 누군가 그걸 알아준다면 어른과 마찬가지로 아이도 충분히 보상받았다는 마음이 들 거예요.

'칭찬 허들'을 낮추면 아이의 자신감이 높아진다

어떤 아이든 잘하는 일과 잘하지 못하는 일이 있습니다. '운동은 잘하지만, 공부는 별로', '수학은 잘해도, 국어는 못한다'처럼 말입니다.

이때 만약 부모나 선생님이 아이가 잘하는 것을 기준으로 "수학을 잘하니까 국어도 잘할 수 있을 거야"라고 말하거나 '평균'을 기준 삼아 'O학년이면 이 정도는 할 수 있겠지?'라고 생각하면 아이의 못하는 부분이 더 눈에 띄게 됩니다.

하지만 기억하세요. 아이는 자기가 못하는 일에 엄청난 노력을 하고 있는데 아무도 알아주지 않아서 자신감을 잃을 수 있습니다.

어떤 아이는 '다른 아이들과 똑같이' 모두가 할 수 있어야 한다고 요구되는 환경에서 실력을 발휘하지 못합니다. 이럴 땐 높은 이상을 바라는 부모의 '칭찬 허들'을 큰맘 먹고 쑥 내려보세요. 그리고 아이가 '잘하지 못하는 일', '힘들어하는 일'에 기준을 맞춰 그보다 잘하는 일에 "잘했어"라고 칭찬해주세요. 그러면 내 아이의 좋은 점이 훨씬 더 많이 보일 거예요.

Q ▶ 아이가 발달장애 경향이 있는데, 자꾸 못하는 것만 눈에 들어옵니다.

학교 선생님이 이해를 해주시면 좋겠는데….

A. 평소 '감사'와 '긍정적인 정보'를 자주 전달해보세요.

이런 경우 제가 추천하는 방법은 선생님에게 평소 '감사'와 '좋은 정보'를 전하는 것입니다. 교실에서 어떤 배려가 필요한 경우, 아이의 특징을 전달할 필요는 있습니다. 하지만 "이런저런 것이 서툴러서 못하는 게 많습니다"라고 못하는 것만 부각하여 전달하면 '내가 과연 가르칠 수 있을까?'라고 선생님이 불안하게 여기거나, '못하는 아이', '문제아'라는 필터를 통해 바라볼 수도 있습니다.

그러므로 만약 아이가 수학을 어려워한다고 말하고 싶을 땐, "두 자릿수 덧셈은 가능한데 곱셈은 힘들어해요"라며 '여기까지는 할 줄 압니다'라고 알려주면 선생님도 아이의 노력을 눈여겨보게 됩니다.

그리고 "항상 신경 써주셔서 감사합니다", "배려 고맙습니다", "덕분에 곱셈을 할 수 있게 됐어요", "선생님이 칭찬해주셔서 아이가 기뻐해요"라며 감사의 말과 아이에 대한 좋은 정보(작은 성장, 좋은 변화나 반응, 의욕적인 성격 등)도 함께 전달하면 좋습니다.

그렇게 하면 선생님도 발달장애 경향이 있는 아이를 점점 더 쉽게 이해할 수 있게 됩니다.

Step 25

아이의 장점부터 찾는 말

> **말걸기 039 [기본]**
>
> **BEFORE** 이걸 못 하네?
> -
> **AFTER** 여기까지 할 수 있구나
> -
> **★POINT** 의식적으로 '할 수 있는 것'을 보는 습관을 들이자

아이의 숙제를 챙기다 보면 나도 모르게 틀린 문제 수에 눈이 가고, 내 아이가 부족한가 싶어 친구 사이에서나 학교에서의 아이 행동에 신경 쓰게 됩니다.

사실, 결점이 먼저 보이는 것은 사람의 심리상 자연스러운 일입니다. 그래서 본능을 억눌러서라도 잘하는 것을 보는 습관을 의식적으로 들이지 않으면 지적이 늘어나게 됩니다.

한편 아이는 부모의 지적을 의외로 쉽게 받아들이지 못합니다. 특히 자신감이나 의욕을 잃었을 때, 혹은 완벽주의 경향이 있으면 부정당하는 것에 과민하게 반응하기도 합니다.

그렇기에 숙제에서 ×보다 ○를, 틀린 부분보다도 조금이라도 잘한 부분을 보고, 먼저 "이거까지 할 수 있구나!", "여긴 잘했네!"라고 말해 주세요. 아이에게는 지적을 받아들이고 노력하는 강인함도 필요하지

만, 그런 건 자신감이 충분히 생긴 후에 갖춰도 늦지 않습니다.

아이가 잘하는 일을 리스트로 만들자

장점이나 잘하는 일, 특히 우수한 부분은 물론, '당연히 할 수 있어야 하는 것'이라고 생각되는 일이나 잘하지 못하는 일 중에도 아이만의 노력이 숨겨져 있습니다.

아이의 '잘하는 일', '장점', '멋진 점'을 씁니다(가능하면 100개 정도!). 혹시 쓰기가 힘든 분들은 아래의 예시를 보면서 평소 아이 모습을 떠올리며 다시 생각해보세요.

Q. 이건 당연히 해야 하는 것, 당연히 할 수 있어야 하는 것일까?

예 매일 등교(등원)를 한다, 어떻게든 숙제를 해 간다.

Q. 이건 아이의 단점이나 결점이 맞을까?

예 차분하진 않지만 호기심이 많다고도 말할 수 있다.

　조금 제멋대로지만 의지가 강한 장점도 있다.

Q. 사실 아이는 상당히 노력하는 게 아닐까?

예 운동회를 정말 싫어하는 아이가 마지막까지 참가했다.

　편식을 하지만 싫어하는 메뉴가 급식에 나오는 날도 학교에 갔다.

Q. 사실 이건 우리 아이의 멋진 점이지 않을까?

예 좋아하는 일에는 몇 시간이고 집중한다.

　아주 미세한 맛의 차이를 민감하게 알아낼 수 있다.

부모의 시각을 조금 바꾸는 것만으로 아이의 평상시 노력이나 장점, 좋은 점, 반짝반짝 빛나는 멋진 점이 보이기 시작할 거예요.

말걸기 040 [응용]

BEFORE 너, 이게 안 되니? 네 형은…

AFTER ○○이, 이걸 할 수 있구나

★POINT 비교하지 말고 그 아이의 잘하는 점을 찾는다

잘하는 점부터 보는 습관은 아이를 여러 명 키울 때도 응용할 수 있습니다. 부모는 형제 중에서 손이 많이 가는 아이나 눈에 띄는 행동을 하는 아이를 볼 때 그 아이의 부족한 점에 눈이 가기 쉽습니다. 하지만 그 속에서 성실하고 꾸준하게 노력하는 아이의 모습을 봐주세요.

어른들도 '열심히 해봤자 나만 손해'라는 불만을 가지기도 합니다. 그러므로 아이의 부족한 점을 지적하기보다 가능하면 "○○이, 할 수 있구나", "열심히 했구나"라고 잘한 점을 칭찬해주세요.

이렇게 하면 눈에 띄는 행동을 하지 않아도 어른들이 자신의 노력을 알아준다고 생각하게 됩니다(다만, 이때 다른 부족한 친구나 형제를 끌어들여 비교 칭찬하지 말기!). 이에 익숙해지면 형제들끼리도 어느 정도 서로 보고 배우기 때문에 부모가 편해집니다.

포기하지 않는 힘을 기르는 말

말걸기 041 [기본]

BEFORE	다른 애들처럼 못하면 안 돼
AFTER	최소한 여기까지만 하면 돼
★POINT	서투른 일은 최소한의 수준 정도만 하도록 한다

주변 아이들을 보면 '우리 아이는 노력이나 참을성이 부족하다'라고 느낄 수도 있습니다. 하지만 아이가 태생적으로 서툰 부분은 '노력, 인내, 근성'만으로 극복하기 힘듭니다.

그렇다고 서툰 일을 극복하지 않아도 된다고는 생각하지 않습니다. 아무리 서툴고 어려워하는 일이라도 할 수 있도록 노력하지 않으면 자신이 잘하는 일조차 실력을 발휘하지 못할 수 있습니다. 또 잘하는 일은 더 잘하고 못하는 일은 계속 못해서 그 차이가 커지면 아이 마음속에서 부담감만 커지게 됩니다. 그리고 결과적으로 자신감을 잃게 되어 '아무도 알아주지 않는다'라는 초조함이 심해질 수 있습니다.

여기서 중요한 것은 '적당한 정도'입니다. 서투른 일은 '다른 사람이 하는 정도(또는 그 이상)'를 합격 라인으로 정하지 말고 살아가는 데 있어 지장이 없을 정도의 '최소한의 수준'으로 잡아야 합니다.

보상과 포인트 시스템을 만들자

만약 서툰 일을 조금이라도 잘하기 위해 노력했다면 '상'을 주거나 포인트를 줘서 자신이 좋아하는 것 혹은 용돈과 교환할 수 있는 시스템을 만드는 것도 좋은 방법입니다.

처음에는 상을 받기 위해서라도 좋으니 어려워하는 일에 도전하는 기회를 만드세요. 몇 번이고 도전하는 동안 어느 정도 잘할 수 있게 되면 점차 부담감이나 거부감이 사라집니다. 자신감이 붙으면 상을 주지 않아도 아이는 노력하게 됩니다.

말걸기 042 [응용]

BEFORE	해냈구나. 다음엔 ○○도 할 수 있도록 해
AFTER	해냈구나!
★POINT	해낸 순간에 다음 과제를 말하는 건 금물

아이의 성장을 너무 앞서서 기대하는 일은 예부터 부모의 습성일지도 모르겠습니다.

하지만 겨우 하나를 성공한 순간에 다음 과제를 정해주면, 아이도 어렵게 얻은 성취감을 금방 잃고 맙니다. 여기서는 꾹 참고 필요 없는 말을 뱉지 않는 것이 현명한 판단입니다.

화장으로 보는 컨실러 법칙

사람은 하나가 신경 쓰여서 건드리면, 다른 하나가 또 신경 쓰이기 마련입니다. 그 사례로 제가 화장할 때 이야기를 해보려고 합니다.

화장을 하다 보면 눈 밑의 다크서클이 눈에 띄고 그곳을 고치기 위해 컨실러로 커버를 합니다. 그러면 다음으로 나도 모르는 사이에 생긴 주름이 눈에 띄고, 또 그곳을 가리고, 그렇게 이곳저곳을 수정하다 보면 마지막에는 "에이, 전부 고치자!"가 되고 맙니다. 그 결과 전혀 생각지 못한 모습을 한 내가 거울 앞에 있는 걸 발견합니다.

처음 컨실러로 수정만 조금 했다면 상식적인 선에서 끝났을 텐데, 계속 고치기만 해서 결국 원하지 않는 모습이 되었습니다. 어떤 사람이든 자신의 개성이나 나이를 먹으면서 생긴 자연스러운 주름과 같이 그 사람만의 멋진 매력이 있을 겁니다. 그런 모습은 굳이 고칠 필요가 없지요.

육아도 마찬가지입니다. 때로는 아이가 자신의 단점과 결점을 마주하기 위해 부모의 지적이 필요합니다. 하지만 전혀 다른 사람이 될 정도로 지적하고 고쳐서 그 아이가 가지고 있던 원래의 멋진 매력과 개성까지 전부 없앨 필요는 없습니다.

평가하지 않고 칭찬하는 말

말걸기 043 [기본]

BEFORE ▶ 대단해! / 잘했어!

AFTER ▶ ○○을 해냈구나 / ○○하고 있구나

★POINT 평가하지 않고 느낀 것을 그대로 전달한다

      어렸을 때는 칭찬으로 "대단해, 잘했어!"만 들어도 괜찮을 수 있지만 아이는 성장할수록 부모가 위에서 평가내리는 듯한 말을 '짜증'으로 받아들입니다.

    이럴 때 방법은 아이의 '좋은 정보'를 찾아 그대로 아이에게 말해주는 것입니다(본 그대로를 이야기하면 됩니다).

    예를 들어 아이가 "엄마 이거 봐, 이거 봐" 하며 낙서를 자랑하며 보여준다면 "크게 그렸네!", "색을 많이 썼구나!"라고 그림의 멋진 곳을 언급해주거나 "아까부터 열심히 그렸구나!", "우와! 완성했구나"라고 좋은 이야기를 말해주는 것만으로도 충분합니다. 이 방법은 사춘기 이후에도 말투와 표현만 업데이트해서 계속 사용할 수 있습니다. 아이가 잘하는 행동을 부모가 언급하고 칭찬해주는 것만으로도 아이는 성장합니다.

말걸기 044 [응용]

BEFORE 훌륭해!

- -

AFTER 혼자서 ○○을 해내다니, 정말 대단하다!

- -

★POINT 왜 대단하다고 느꼈는지 이유를 말해준다

어떤 아이는 "훌륭해!"라는 말을 계속 들으면 부모의 기대를 충족시키기 위해 무리하기도 합니다. 그럴 때는 "혼자서 청소를 하다니, 정말 대단하다!", "싫어하면서도 마지막까지 참고 해낸 거 정말 훌륭해!" 등 왜 대단하다고 생각하는지, 어떤 점이 훌륭하다고 느끼는지 구체적으로 전달하면 됩니다. 비결은 '나'를 주어로 하고, 나의 의견, 개인의 감정을 말로 표현하는 겁니다. 그러면 아이에게 부담을 주지 않고 좋은 기분이 전할 수 있습니다.

말걸기 045 [응용]

BEFORE 음, 멋지다

- -

AFTER 우와, 정말 대단하다!

- -

★POINT 아이의 마음에 공감하는 "대단해!"는 남발해도 된다

아이가 "엄마 아빠, 이거 엄청나!"라며 크게 감명받았을 때는 부모가 공감하면서 "대단해"를 남발해도 됩니다. 예를 들어

어려운 목표를 달성했을 때, 희귀한 물건을 발견했을 때. 풍경이나 사람의 행동에 매료되었을 때, 아이가 진심으로 감동했다면 "대단해!"라며 부모도 함께 공감해주세요. 기쁨이 배가 됩니다.

칭찬 방법을 모르겠다면 아이에게 직접 물어본다

아이가 어느 정도 주변을 신경 쓰는 나이가 되면 "그렇게 오버하면서 치켜세우는 말은 싫어"라고 말하기 시작합니다. 그럴 때는 "자, 그럼 어떻게 말했으면 좋겠어?"라고 아이에게 직접적으로 물어보는 것도 좋은 방법입니다.

제 아이의 경우도 "오케이", "굿잡"처럼 간단하고 짧은 말이나 하이파이브, 엄지 척 등의 바디랭귀지가 좋다고 말합니다. 특히 사춘기 남자아이는 부모의 칭찬은 필요 없어도 맛있는 것은 뭐든지 좋기 때문에 맛있는 음식을 해주는 것도 좋은 방법입니다.

A ▸ 칭찬보다 좋은 정보를 많이 찾으려는 노력이 중요합니다.

사람에 따라 칭찬으로 키우는 육아가 있는 반면, 칭찬하지 않는 육아도 있어서 무엇이 좋다고 단정 지어 말하기 힘듭니다. 아이가 자신감을 잃기 쉬운 시기에는 확실한 칭찬이 필요하지만, 거기에 위에서 내려다보는 시선의 '평가'가 더해지면 부모의 생각이 있는 그대로 아이에게 전달되지 않습니다.

그렇다고 해서 학교에서 주는 성적표를 아예 신경 쓰지 말라고까지는 할 수 없고, 사회에 나가면 수없이 평가를 받기 때문에 어느 정도는 '평가'에 익숙해질 필요가 있다고 생각합니다.

그러나 아이의 모든 행동을 '좋다, 안 좋다'로 부모가 판정할 필요도 없고 과한 평가는 과한 컨트롤로 이어질 가능성도 있습니다. 그래서 저는 아이를 '칭찬한다, 칭찬하지 않는다'보다 부모가 '아이의 좋은 점을 얼마나 많이 찾아줄 것인가'라는 시선을 갖는 게 중요하다고 생각합니다.

즉, '아이를 긍정적으로 본다 → 좋은 정보를 찾는다 → 그것을 말해준다'라는 흐름을 따르면 됩니다.

Step 28

문제아 꼬리표를 붙이지 않는 말

말걸기 046 [기본]

BEFORE 정말 이 아이는 문제아구나

AFTER 뭐가 아이를 힘들게 하는 걸까?

★POINT 낙인을 찍지 말고 행동을 잘 관찰한다

사람은 자신도 모르는 사이에, 받는 기대에 맞는 역할에 자신을 맞춰가는 습성이 있다고 합니다. 오빠도 계속해서 '아빠'로 불리면 아버지다워지고, 이제 막 졸업한 신입 교사도 '선생님'이라고 불리다 보면 점점 선생님다워지는 것처럼 말이죠.

가정이나 학교에서 '잘하지 못하는 아이', '문제아'라는 시선을 받게 되면 그 아이는 어떻게 될까요? '잘하지 못하는 아이'는 더더욱 못하는 아이가 되고, '문제아'는 더 많은 문제 행동을 하게 될지도 모릅니다.

그러므로 지금 그 아이가 할 수 없는 일이나 걱정되는 일이 있더라도 인격적인 면에서 낙인을 찍어서는 안 됩니다. 아이의 행동을 주목하고 관찰하여 무엇이 그 아이를 힘들게 하는지, 어떤 것을 어려워하는지, 지금의 발달 단계와 불안한 정도는 어떤지 고려하여 이유를 찾으면, 그 아이에게 어떤 도움이 필요한지 보입니다.

못하는 일, 어려워하는 일을 행동으로 구체화한다

아이가 못하는 일, 어려워하는 일이 있다면 구체적으로 어떤 행동을 못하거나 어려워하는지 살펴보세요.

그렇게 하면 예를 들어 아이가 '공부를 못하는 것'이 아닌 '많이 쓰는 것'이나 '복잡한 글이나 작은 글자를 쓰는 것'이 어려울 뿐이라는 사실을 알 수 있습니다.

힘들어하는 이유를 이해하면 그 아이를 보는 시선도 달라집니다. 그리고 또 하나 힌트가 있다면, '아이가 과학 공부는 잘한다'라는 사실을 알게 되었으면 그 이유가 무엇인지 분석해봐도 도움이 됩니다.

말걸기 047 [응용]

BEFORE	착한 아이구나 / 우등생이구나
AFTER	○○해줘서 고마워
★POINT	'말 잘 듣는 아이'라는 우등생 주문을 걸지 않는다

'문제아'로 보이는 아이가 있는 반면, '우등생'이란 이름으로 부모나 선생님에게 도움이 되는 아이도 있습니다. 성실하고 성적도 우수하며 주위 사람들에 대한 배려도 좋아, 많은 장점을 가지고 있는 아이입니다.

물론 이런 점을 칭찬하는 것은 좋지만, 주변 사람 모두가 지나치게

'착한 아이'라는 꼬리표를 붙이면 '착한 아이가 아니면 나는 사람들에게 사랑받지 못한다', '우등생이 아니면 사람들이 필요로 하지 않을지도 몰라' 등, 주변의 기대에 호응하기 위해서 원래의 자신을 봉인해 버릴 가능성도 있습니다.

이런 경우 가까운 사람들이 발견하기 힘들 만큼 '문제아'보다도 케어가 힘들 수도 있습니다.

'착한 아이'라는 우등생 주문을 걸지 않고 아이에게 자신감을 주기 위해서는, "○○해줘서 고마워"라며 아이의 행동만을 보고 말해주는 게 도움이 됩니다.

진심 어린 고마움이 전해지면 어른스러운 '착한' 아이라도 기뻐합니다. 또 한 가지 중요한 것이 있습니다. 예를 들어 '우등생'이라도 단점, 결점이 있으며 실패도 합니다. 우등생 주문을 걸지 않기 위해서는 실패를 책망하지 말고 인간다운 모습이라고 생각해주세요.

아이의 단점을 장점으로 바꾸는 말

> **말걸기 048 [기본]**
>
> **BEFORE** 어휴, 제멋대로네
> -
> **AFTER** 자기주장이 강해서 그런 걸 수도 있어
> -
> **★POINT** 단점을 장점으로 바꿔본다

온 세상을 다 찾아봐도 단점만 있는 아이나 장점만 있는 아이는 단 한 명도 없습니다. 아이의 단점을 지적해도, 반대로 장점만 인정해도 아이의 진정한 자신감으로는 이어지지 않습니다.

자신감을 잃었을 때는 잘하지 못하는 점은 조금 눈을 감아주고, 조금이라도 잘하는 것은 주목하여, 약간 오버를 해서라도 아이의 좋은 점을 말해주는 것이 중요합니다.

그러나 최종적으로는 잘하든 못하든 그 아이의 모든 것을 부모가 긍정적으로 받아들여주는 게 이상적입니다. 그러기 위해 아이의 장점과 단점을 세트로 보는 연습을 하면 좋습니다. 단점의 뒷면에는 반드시 장점이 있고, 장점의 뒷면에는 빠짐없이 단점이 있습니다. 못하는 게 있으면 그만큼 잘하는 게 있습니다.

일단은 아이의 단점을 장점으로 바꿔 생각해보세요. 부모의 시각을 아주 조금 바꾸는 것만으로도, 이상하게 조금 결점이 있는 아이가 가능성 넘쳐나는 아이로 보입니다.

단점을 장점으로 만드는 '울퉁불퉁 바꾸기'

아이의 단점을 장점으로 보는 '울퉁불퉁 바꾸기'에 도전해볼까요?

울퉁불퉁 바꾸기 순서

❶ 아이의 단점, 결점이라 생각되는 것을 리스트로 쓴다(이대로라면 '단점 리스트'가 되기 때문에 아이 눈에 안 보이도록 합시다!).

❷ 다음으로 리스트를 잘 보고, 장점이나 잘하는 것, '이것도 하나의 재능'이라는 생각이 들 수 있도록 긍정적인 표현으로 바꿔본다.

울퉁불퉁 바꾸기의 예

◦ 가만있지 못한다 → 행동력이 있다

◦ 집중력이 약하다 → 호기심이 왕성하다

◦ 까다롭다 → 감수성이 풍부하다

◦ 우유부단하다 → 배려심이 많다

◦ 쉽게 싫증낸다 → 창의적이다

'아! 이거구나'라고 생각할 수도 있지만 조금 억지스럽다고 느낄지도 모릅니다. 그래도 괜찮습니다. 아이의 좋은 점을 어떻게든 긍정적으로 봐주려는 부모의 노력이 중요합니다. 부모가 아이에 대한 따뜻한 시선을 키워나가면 아이도 밝은 방향으로 성장할 수 있습니다.

말걸기 049 [응용]

BEFORE 정말 집중력이 없어

AFTER 여러 가지에 흥미를 보이는 건 네 장점이야

★POINT 행동이 좋은 결과로 나왔을 때 바로 말해준다

질책을 많이 받는 아이는 잘해놓고도 오해받는 일이 많기 때문에, 행동이 좋은 결과로 이어졌을 때 즉시 말해주면 점차 자신을 긍정적으로 보게 됩니다. 또 '장점과 단점을 세트로 본다', '행동을 주목한다', '마음을 전달한다'의 방법을 조합하는 방법도 있습니다.

아이에게 신경 쓰이는 점이나 걱정되는 부분, 주의가 필요한 부분 등을 지적할 때 "○○을 할 수 있는 것은 장점이라고 생각하지만 ○○하는 부분은 걱정되기도 해"라고 장점과 연결하여 부모의 마음을 전하면 아이가 받아들이기 쉽습니다. 예를 들어 "상냥한 것은 ○○이의 장점이라고 생각하지만 다른 사람을 너무 신경 쓰는 점은 조금 걱정이야"라고 말이죠.

그런데 이때 단점이나 결점을 전혀 보지 않아도 된다는 것은 아닙니다. 아이가 자신의 단점을 자각하여 그것을 보완하기 위해 노력할 수 있기 때문에 가끔 알려주는 것도 중요합니다.

Step 30

열등감이 자라지 않는 말

말걸기 050 [기본]

BEFORE ○학년이면 모두 할 수 있는 거야

AFTER 작년보다 훨씬 잘하네

★POINT 스스로 얼마나 성장했는지 알게 해준다

아이가 성장할 때 잘하는 부분은 실제 나이+2세 정도로 자라고, 부족한 부분은 실제 나이-2세 정도로 천천히 크기도 합니다. 오히려 뭐든지 평균적으로 고르게 크는 아이가 드물지요.

그래서 '○살이면 / ○학년이면 할 수 있어야 한다'라고 평균적인 발달을 기준으로 생각하거나 "○○이는 잘하는데"라며 다른 아이들과 비교하는 것은 그 아이의 성장에 아무런 도움이 되지 않습니다.

비교는 그 아이 본인과 해보세요. 1~2년 전의 아이와 비교하여 조금이라도 할 수 있는 게 늘었다면 다른 친구가 어떻든 간에 "작년보다 자전거를 잘 타네", "요즘은 구구단을 막힘없이 외우네"라며, 스스로 알아차리기 힘든 그 아이만의 작은 진보나 성장을 말로 전해주세요. 다른 아이보다 조금 시간이 걸릴지라도 할 수 있는 게 늘었다는 사실을 알면 아이의 자신감은 확실히 높아집니다.

BEFORE 아… (실망이다)

- -

AFTER ○○하려고 하는구나 / ○○를 안 했구나

- -

★POINT 작은 변화, 의욕을 알려주고, 안 좋은 행동을 '하지 않은' 노력에 주목하자

사람의 키와 마찬가지로 한 아이의 성장 방식도 급격하게 크는 시기가 있는 한편 조금 더디게 크는 시기가 있습니다. 에스컬레이터 식으로 매끄럽게 크는 아이가 있다면, 나선계단형, 엘리베이터형, 제트코스터형 등 아이에게는 각각의 성장 스타일이 있기 때문이지요.

'성장의 계단'에서 방황하는 시기엔 부모도 애가 타겠지만, 꿈틀거리는 작은 변화나 의욕의 싹을 재빨리 찾아보세요. 그리고 "○○하려고 하는구나"라고 하며 그곳에 빛을 비춰주면 됩니다.

또한 계속되는 실패로 인해 아이의 자신감이 극단적으로 떨어지면 하는 일마다 제대로 되지 않기도 합니다. 그럴 때는 우연이라도 "보통 때라면 화냈을 일에 화를 안 냈구나, 노력했네"처럼 말하거나, "(원래는 큰 소란을 피웠을 일을) 참아췄구나, 고마워"라고 말해보세요. '안 좋은 행동을 하지 않은 노력'에 주목해주면 됩니다.

**Q ▸ 발달장애가 아니어서 특별한 지도를 받을 정도는 아니지만,
학교에 가면 아이가 자신감을 쉽게 잃어버립니다.**

A ▸ '발달의 시차'가 있는 아이는 일시적으로 도움이 필요합니다.

기다리다 보면 느린 부분도 그 아이의 속도로 자연스럽게 발달하는 경우도 많습니다(우리 집 아이도 그렇습니다). 자연스러운 성장을 기다려주면 문제가 없을 텐데 평균적인 발달에 맞춘 일반 학급에 있으면 부족한 점이 계속 보이기도 합니다. 어른이 되면 100살도 101살도 큰 차이가 없지만, 아이들의 세계에서는 겨우 몇 개월의 부분적인 차이가 크게 느껴지지요. 이 차이는 동급생들이 성장기의 끝을 맞이할 때쯤 자연스럽게 해소될 가능성도 높습니다.

하지만 그 사이 아이가 '부족한 나'의 이미지를 가지게 되는 일은 어떻게든 피해야 합니다. 이럴 땐 일시적으로라도 부담을 줄이는 부모의 도움이나 노력으로 발달 차이를 줄일 수 있습니다.

예를 들어 저학년 아이가 글을 술술 읽지 못하면 부모가 소리 내어 읽어주는 방법이 있습니다. 이후 아이가 잘하게 되면 도움을 멈춰도 됩니다. 그리고 '보통의 ○세'와 비교하지 않고 아이 스스로와 비교하여 잘할 수 있게 된 일, 그동안 이룬 작은 발전을 계속해서 일러주면 아이의 자신감이 높아집니다.

아이가 지쳐 쓰러지지 않는 말

> **말걸기 052 [기본]**
>
> **BEFORE** 100점 맞았네!
> -
> **AFTER** 네가 그만큼 노력해서 좋은 결과가 나온 거야
> -
> **★POINT** '지속하는 노력, 도전하는 의욕'에 주목한다!

'100점 맞았다', '1등 했다' 등 결과가 나왔을 때만 주목하면, 아이에게는 90점을 받았거나 2등을 했을 때 '실패 체험'이 되고 맙니다. 하물며 발달이 느린 아이는 학교에서 '성과'를 가져오지 못할 수 있고, 그러면 부모가 칭찬할 기회가 사라지게 됩니다.

물론 결과가 모든 것인 세계도 있지만, 가정에서는 과정에 주목하면 결과가 어떻든 아이가 마음에 상처를 받는 일이 줄어듭니다.

주목 포인트는 '지속하는 노력, 도전하는 의욕'입니다. 좋은 결과를 받았을 때는 "○○을 이렇게 노력했으니까 좋은 결과가 나온 거야", "시험공부 열심히 했구나", 결과가 잘 나오지 않았어도 "노력한 만큼 나중에 실력이 되는 거야", "이렇게 어려운 일에 도전하는 것만으로도 대단한 거야"와 같이 노력과 도전 정신을 분명하게 언급해주면 됩니다. 그러면 아이에게는 모든 과정이 '성공'으로 느껴지지요.

말걸기 053 [응용]

BEFORE 거봐, 내가 말했잖아!

AFTER 마지막까지 문제를 풀려고 노력하는구나

★POINT 보물찾기처럼 노력의 조각을 발견한다

아이가 아무런 노력을 하지 않아서 예상대로 안 좋은 결과가 나왔을 때는 어떻게 하면 될까요? "거봐, 내가 말했잖아"라고 말하고 싶어질지도 모르지만, 시험에서 5점밖에 못 받았다 하더라도 강 속에서 사금을 찾는 것처럼 조금이라도 잘한 일이나 노력한 모습을 발견해주면 더 후퇴하지 않을 수 있습니다. "어쩔 수 없지"라며 열심히 하지 않는 상태를 일단 받아들이는 것도 필요합니다.

학교 시험을 부모가 활용하는 방법

시험의 원래 목적은 아이가 어디까지 알고 있고, 어떤 것을 모르는지를 체크하는 것입니다. 부모는 시험지를 보고 '오해하기 쉬운 부분', '실수를 많이 하는 부분', '읽기와 쓰기 능력', '시간 내에 답할 수 있는 능력' 등 발달 면의 특징이나 처리능력을 판단할 수 있습니다. 또한 성장 기록을 하거나 면담할 때의 자료로 활용하면 의미 있게 쓸 수 있습니다.

혼내지 않고 창의력을 높여주는 말

> **말걸기 054 [기본]**
> **BEFORE** 알았어, 알았다니까
> --
> **AFTER** 그런 걸 생각해 낸 사람은 너뿐이야
> --
> **★POINT** 칭찬할 수 없는 행동이 아이의 장점일지도 모른다

　　"엄마! 이거 봐, 이거 봐봐!"라며 아이가 의기양양한 태도여도 마냥 "대단해!", "멋지다!"라며 칭찬해줄 수 없을 때도 있습니다(강아지 화장실에 과자를 놓고 온다거나…).

　　장난꾸러기 아이에게는 대단한 일을 칭찬하는 것보다 누군가가 놀라거나 웃는 것이 무엇보다도 큰 기쁨이 될 때가 있습니다. 이것은 하나의 재능이라고 할 수 있지만, 그렇더라도 적절한 반응을 보이지 않으면 더 독특한 행동을 하기 때문에 난처하지요.

　　이럴 때는 "그런 걸 생각해 내는 사람은 너뿐이야", "엄마 40년 인생에 처음 봤다!", "우와, 새로운 발상이다"라며, 발상이나 참신함에 주목해보세요. 주위 사람들에게 피해가 되는 장난, 지나친 행동은 자제시킬 필요가 있습니다. 하지만 참신하고 독특한 생각, 풍부한 상상력, 왕성한 호기심은 장점으로 소중하게 생각해주세요.

BEFORE 왜 어지르고 그래!

AFTER 음, 엉망이 돼버렸네

★POINT 한심한 일은 보이는 대로 말한다

아이는 '상상력 풍부'라고 말하기 힘든, 정말 한심한 일을 저지르고 의기양양한 얼굴을 하고서 부모의 반응을 기대에 찬 마음으로 기다리기도 합니다. 얼굴에 온통 밥풀을 붙여 놓거나, 케첩 범벅인 손으로 사방을 문지르거나, 과자를 부숴 우유와 섞어 반죽을 만들거나…. 지저분한 놀이나 부모가 싫어하는 것만 좋아하는 아이도 있죠.

이렇게 칭찬할 수는 없지만 화를 낼 만한 일도 아닌, 정말 난처한 일에는 노골적으로 싫은 얼굴을 하고 "음, 엉망이 돼버렸네", "음, 박살이 나버렸네"라고 보이는 대로 말하면 아이는 그런대로 받아들입니다.

그리고 빗자루와 쓰레받기, 물걸레를 주며 "자, 이제 청소 시작!"이라고 말하는 것도 방법 중 하나입니다. 식탁 가까이에 빗자루와 쓰레받기 세트를 상비해 두고 '정리 방법'의 순서가 표기된 카드를 벽에 붙이는 것도 아이가 스스로 정리하게 만드는 방법입니다.

사실 이렇게 집 안을 어지럽히는 놀이는 칭찬하기는 힘들지만 아이의 감각을 키우는 데는 큰 도움이 됩니다. 허용할 수 있는 범위라면 통크게 봐주는 것도 좋습니다.

Step 33

아이에 대한 선입견을 버리는 말

말걸기 056 [기본]

BEFORE 어차피 안 할 거잖아 / 역시 못 하겠지

AFTER 어? 어떻게 된 거야?

★POINT '어차피', '역시'라는 말을 하지 않는다

아이에게 같은 말을 몇 번이고 반복해도, 그 말을 따르지 않거나 따르더라도 매번 실패가 반복되면 "어차피", "역시"라며 점점 포기하게 됩니다.

하지만 그렇게 결정해 버리면 정말로 '못하는 아이'라는 역할이 주어져 버릴 수도 있습니다. 부모의 고정된 생각을 리셋하고 싶을 때는 먼저 말부터 바꿔야 합니다. 이 경우, 지금까지 경험했던 것들은 최대한 잊고, 처음 보는 아이를 대할 때와 같은 기분으로 백지 상태에서 말걸기를 다시 시작해보는 것도 좋습니다.

"어? 어떻게 된 거야?", "뭐가 어려워?"라며 하지 않는 이유나 못하는 부분을 아이에게 정중하게 물어보면 아이가 의외인 곳에서 발목이 잡혀 있거나, 부담을 느끼고 있는 일을 알아챌 수 있습니다. 일단 리셋하면 하지 않는 일, 하지 못하는 일의 실마리를 찾을 수도 있습니다.

부모들끼리의 모임이나 긴 전화를 아이가 듣지 않는 것 같지만 사실 모두 듣고 있고, 모르는 것 같지만 모두 알고 있습니다. 어린아이도 인상적인 말은 오랫동안 기억하고 있고, 나중에 의미를 알게 되기도 합니다.

동양은 특히 겸손을 미덕으로 생각하는 문화가 뿌리 깊게 박혀 있어 아이 앞에서 다른 아이를 칭찬할 때가 있습니다. "우리 애는 아직 ○○을 하지 못하는데"라며 자신의 아이를 낮추거나 "○학년이 됐어도 아직 어리광을 부려"라는 말을 하기도 합니다. 이런 말은 아이의 기분을 상하게 만들 수 있습니다. 부모와 자식 사이라도 지킬 건 지킵시다!

적당한 겸손은 아름답지만 다른 아이 앞에서 자신의 아이를 낮추는 말은 안 하는 것이 현명합니다. 또, 상대의 장점을 솔직하게 칭찬하는 건 좋지만 비교를 하면 우리 아이가 우울해집니다. 그러므로 "○○이는 피아노 치는 것을 정말 좋아하는구나", "○○이는 축구를 정말 좋아하는구나"라며, 그 아이의 개성이나 기분에 초점을 맞추고 우리 아이와 관련시키지 않는 것이 좋습니다.

Q ▸ 선생님에게 아이가 발달장애라는 사실을 말했더니
'부족한 아이'라는 선입견이 생긴 것 같습니다.

A ▸ 외부에 '할 수 있는 아이'로 받아들여지는 장소를 확보합니다.

저는 기본적으로는 아이에게 발달장애가 있고, 또한 그것이 본인의 '노력으로 넘을 수 없는 벽'일 경우에는 학교 측에 말하는 것이 좋다고 생각합니다. 학교 측에 전달하면 아이에게 맞는 도움이나 배려를 받을 수 있고, 사전에 패닉이나 트러블을 피할 수 있기 때문입니다.

다만 선입견이 강한 선생님일 경우에는 아이를 '부족한 아이'로 취급하거나 아이의 수준에 맞지 않는 매우 간단한 문제만 내주고, 심지어는 보호자도 '귀찮은 부모'로 낙인찍을 수 있습니다.

만약, 교사에게 말하는 것이 불안하면 사전에 교내 상담사에게 상담하거나 관리직 교사에게 면담을 요청해도 좋습니다. 그런데도 부족한 아이라는 꼬리표가 붙었다면 학교 이외에서 '잘하는 아이'로 받아들여질 수 있는 곳을 확보해주면 됩니다. 아이가 잘하는 분야를 배우거나 선입견 없이 실력을 인정받는 체험을 쌓으면 그것이 자신감으로 연결됩니다. 그 선생님의, 그 학급의 가치관이 '전부'가 되지 않도록 아이의 세계를 이곳저곳으로 넓혀가기 바랍니다.

Step 34

간접 화법으로 마음을 전하는 말

말걸기 058 [기본]

BEFORE	똑바로 앉아, 선생님이 너에 대해 뭐라 하시더라
AFTER	선생님이 "○○이는 참 열심히 해요"라고 하시더라
★POINT	간접적이라도 다른 사람이 말한 좋은 평가를 전한다

　　학부모 면담에서 선생님에게 아이에 대해 이런저런 이야기를 듣고 오면, 저도 모르게 꼰대가 되어 "왜 그랬어! 그건 이렇게 해야지!"라며 잔소리를 하게 됩니다. 하지만 선생님의 이야기를 찬찬히 떠올려보면 분명히 좋은 평가도 섞여 있었을 거예요.

　　특히 다른 사람에게 칭찬받은 경험이 적은 아이는 자신감을 키울 기회를 만들어주는 것이 중요합니다. 그래서 조금이라도 좋은 평가를 들으면 "선생님이 '요즘 ○○이가 학급활동을 열심히 한다'고 말씀하시더라"라고 간접 화법으로 전하면 좋습니다. 좋은 평가가 없을 때는 "그 행동이 선생님에게 도움이 됐을 거야"라고 추측해서 전달해보세요.

　　간접 화법이면 부모에게 칭찬받는 것을 부끄러워하는 나이의 아이라도 거부감 없이 받아들이기 쉽고, 이렇게 다른 사람에게 인정받는 경험을 쌓으면 자신감이 높아집니다.

말걸기 059 [응용]

BEFORE 당신도 아빠면 따끔하게 말 좀 해!

AFTER 여보, 오늘 면담에서 선생님이 "요즘 ○○이가 ~을 열심히 해요"라고 하시더라

★POINT 아이의 좋은 평가는 가족과 공유하자

다른 사람에게 들은 아이에 대한 좋은 평가는 가족에게도 전달하는 게 좋습니다. 그러면 배우자가 "요즘 ○○이 열심히 한다며?"라며 아이에게 칭찬하기도 하고, 가족들이 아이에 대한 따뜻한 시선을 키울 수 있게 됩니다.

물론 다른 사람에게 들은 것이 아니라 스스로 느낀 아이의 성장이나 좋은 점, 좋아하는 것이나 새로운 흥미 등의 정보는 "어제 ○○이는 자전거로 ○○까지 갔었어"라며 가족이나 주변 사람들에게 평상시 자주 공유하길 권합니다.

바쁜 가족에게도 아이의 좋은 평가를 공유하는 훌륭한 방법이 있습니다. 주방에 가족 게시판을 만들거나 SNS 등에서 가족 그룹을 만들어 사진을 공유하는 등, 아날로그와 디지털을 두루 활용하면 좋습니다.

귀중한 정보를 가족이나 주변 사람들에게도 쉽게 알릴 수 있도록 하여 아이에 대한 '따뜻한 시선', '따뜻한 분위기'를 함께 만들어 나갈 수 있습니다.

Step 35

한 글자 차이로 부드러워지는 말

겨우 한 글자, 두 글자 차이로 말의 인상이 완전히 바뀌기도 합니다. 예를 들어 "오늘 저녁밥'은' 맛있어"처럼…(정말로 한 글자입니다!). "열심히 해"라는 격려의 말도 때에 따라선 압박이 되기도 합니다.

아이를 응원하는 기분을 솔직하게 전달하고 싶을 때는 "열심히 하네!"라고 '해'를 '하네'로 바꾸는 것만으로 지금의 노력을 긍정하는 표현이 됩니다.

부모 마음에는 아이가 이것저것 할 수 있었으면 하지만 아이는 '지금'을 살고 있기에 가장 먼저 '지금 그 아이'를 긍정해줄 필요가 있습니다. 지금에 주목하여 말의 사용법을 '현재진행형'으로 바꾸는 것만으로도 지금 그 아이를 받아들일 수 있게 되고 부모의 마음도 쉽게 전달할 수 있습니다.

말걸기 061 [응용]

BEFORE 왜 못 하는 거야?

AFTER (지금은) 이 정도면 오케이!

★POINT 아무리 해도 안 되는 것은 '지금은'으로 넘겨버린다

부모는 아무리 신경을 안 쓰려고 해도 아이가 못 하는 일이 있으면 신경 쓰이기 마련입니다. '학교에서 아이들에게 바보 취급당하는 건 아닐까' 혹은 '이것을 못 하면 나중에 어른이 돼서 힘들지 않을까'라는 걱정을 하게 되지요. 그리고 그 걱정이 자기도 모르게 입 밖으로 튀어나와 버립니다. 저도 어떤 일에 서툰 제 아이를 보고 있으면 답답해서 안절부절못합니다.

하지만 아이는 각자의 속도로 발달 단계를 하나씩 밟아 나가기 때문에 높은 단계를 요구하면 당장 할 수 없는 일이 많습니다. 지금 그 아이는 아직 그 타이밍이 아닌 것입니다. 곱하기를 할 수 있으려면 덧셈을 이해할 필요가 있는 것과 마찬가지로, 아이의 '가능한 타이밍'에는 순서가 있습니다.

그러니 열심히 하고 있는 아이에게 '왜 못 하는 거야?'라는 생각이 든다면 '(지금은) 이 정도면 오케이'라고 마음속에 '지금은'을 입력해보세요. 그러면 일단 받아들일 수 있게 됩니다. 그리고 기다리면 아이는 자신만의 속도로 착실하게 성장하는 모습을 보여줄 겁니다.

CHAPTER 4

원하는 행동을 부르는 말걸기

부모의 생각을 알기 쉽게 전하고, 아이의 좋은 면을 보면서 긍정적으로 대하면 아이는 자신이 사랑받고 있다고 느끼게 됩니다. 그러면 아이는 자신을 소중하게 생각하고, '자기긍정감'을 가질 수 있습니다.

여기에 실제로 성취하는 경험을 늘려서 '자기효능감'을 높이고 행동력을 키우는 것도 필요합니다. 부모가 아이에게 효율적으로 통하는 말걸기 포인트를 알고 있으면, 아이가 실제로 성취하는 경험을 쉽게 늘릴 수 있습니다.

Step 36

해야 할 행동을 알려주는 말

> **말걸기 062 [기본]**
>
> **BEFORE** ○○하면 안 돼!
>
> -
>
> **AFTER** 이렇게 하면 돼
>
> -
>
> **★POINT** 안 되는 행동보다 '해야 하는 행동'을 알려준다

　"길에서 뛰면 안 돼!", "친구 물건을 뺏으면 안 돼!"라고 주의를 받아도, 세상에 태어난 지 몇 년 안 된 아이는 '안 된다는 것은 대충 알겠지만, 그럼 뭘 어떻게 하면 되는 거야?'라는 의문을 갖게 됩니다.

　이 경우 길을 어떻게 다녀야 하는지, 친구들과 사이좋게 지내기 위해서는 어떻게 해야 하는지 구체적인 행동이나 말로 알려주세요. 예를 들어 "한쪽으로 걷자", "이럴 때는 '공 빌려줄래?'라고 묻는 거야"라며 '해야 하는 행동'을 알려주는 거지요.

　이렇게 하면 적절한 행동이 무엇인지 쉽게 알 수 있고, 또 주의를 듣는 것보다 훨씬 받아들이기 쉽습니다. 특히 '주위를 보고 자연스럽게 배우는 것'이 힘든 아이는 하나하나 구체적으로 '해야 하는 행동'을 (귀찮긴 하지만) 알려주면 할 수 있는 일이 늘어납니다.

부모 입장에서는 아이가 말하지 않아도 스스로 행동하길 바라지만, 그러기 위해서는 행동의 경험치를 쌓고, 습관으로 정착하기까지 계속 반복하여 몸에 익숙해지게 만드는 단계가 필요합니다.

말걸기 변환 : 해야 하는 행동	
BEFORE	AFTER
왜 그런 행동을 하는 거야!?	이럴 때는 ○○하면 돼.
지금 뭐하는 거야!	여기를 이렇게 하면 돼.
어지르지 마!	다 쓴 물건은 여기 넣어줘.

범인을 찾기보다 해결책을 찾는다

아이가 이해 불가능한 행동을 했을 때는 '왜 저런 바보 같은 짓을 할까?'라며 질책하고 싶어지지만 그전에 먼저 해결책을 제안하는 쪽이 좋습니다.

실제 사례나 움직이는 방법, 구체적인 지시 등으로 "이렇게 하면 돼"라고 알려주면 아이도 행동을 고치기가 쉽습니다(상세한 설명은 다음 단계에서 차차 하도록 하겠습니다).

또한 지나친 행동에는 주의를 줄 필요도 있지만, "○○하면 안 돼", "○○하지 마"라는 말이 너무 많으면 아이는 어떻게 해야 할지 헷갈려서 소극적으로 움직이게 될 수 있습니다. 이럴 때는 부모가 의식적으로

'해야 하는 행동'을 알려주는 것이 좋습니다.

말걸기 063 [응용]

BEFORE 그냥 이렇게 해!

AFTER 어떻게 하면 좋을까?

★POINT 경험치가 쌓이면 손을 놓자

　　구체적인 말걸기로 '해야 하는 행동'을 전달하고, 아이에게 충분한 경험치가 쌓여 그 행동이 습관으로 정착되면 그다음 '응용' 단계로 넘어가세요('주위를 보고 자연스럽게 배우는 것'이 가능한 아이라면 여기서부터 시작해도 됩니다).

　　"(이럴 때는) 어떻게 하면 좋을까?", "어떻게 하는 게 좋았지?"라고 스스로 생각하게 하거나 지금까지의 경험을 떠올릴 수 있는 말을 하면서 부모가 서서히 손을 떼고, 최종적으로 부모의 말걸기가 필요 없어질 때까지 관심을 가지고 봐주는 것이 대단히 중요합니다.

　　이 손을 떼는 과정은 이후의 모든 말걸기에 공통으로 필요한 단계이기 때문에 항상 머릿속에 담아 두길 바랍니다.

　　아이의 행동을 관찰하고 '대략 이 정도면 됐다', '어느 정도는 알게 된 것 같다'라고 느껴지면 잊지 말고 아이가 스스로 하게 해주세요. 그렇게 하면 엄마, 아빠의 일도 하나씩 줄어들어 점점 편해집니다.

부모의 말에 집중하게 하는 말

말걸기 064 [기본]

> **BEFORE** 김철수, 김철수, 야, 김철수!
>
> **AFTER** (아이 곁으로 가서) 자, 철수야
>
> **★POINT** 아이가 몰입해 있을 때는 멀리서 부르지 않고 곁으로 간다

아이가 무언가에 몰입해 있을 때나 멍하니 있을 때는 큰소리로 몇 번을 불러도, 부르는 사람의 에너지만 낭비하게 됩니다. 이럴 때는 (다소 귀찮아도) 아이가 있는 곳까지 가서 이쪽의 존재를 느끼게 한 다음 이름을 부르는 것이 효과적입니다.

그런데도 너무 몰입해서 곁에 사람이 있다는 것을 알아차리지 못하는 아이에게는 최면술사가 최면을 풀 때처럼 하면 됩니다. 즉, 말걸기와 동시에 감각적인 자극을 주게 되면 순간 꿈에서 깨어나지요.

예를 들어 앞에 서서 아이의 시야에 들어가 손을 흔들거나, 눈앞에서 가볍게 손가락을 튕겨 소리를 내거나, 가까이 있는 물건을 노크하는 등 각각의 아이에게 잘 먹히는 감각적인 접근이 있을 거예요. 물론 어느 정도 시행착오를 거치면서 찾아야 하겠지만요.

말걸기 065 [응용]

BEFORE	지금 듣고 있어?

AFTER	자 여기 보자. 그건 말이야…

★POINT	"여기 봐"라는 말에 아이가 주목하면 말을 시작한다

엄마의 중요한 이야기가 끝나갈 무렵 '아, 이 녀석 전혀 듣고 있지 않네'라고 느꼈을 때 그 허탈감이란 말로 할 수 없지요!

그럴 때는 "여기 봐"라고 먼저 말해, 완전히 엄마를 주목하게 한 다음 본론을 얘기하는 것이 에너지 소모량을 줄이는 방법입니다. 다만, 중요한 이야기는 서론을 줄이고 짧게 해야 합니다.

육아의 법칙

희극인의 '주목하세요' 법칙

희극인이 무대에 등장할 때 "안녕하세요~!"라고 손뼉을 치며 오버하면서 들어오는 것을 보셨을 겁니다. 때로는 기이한 의상을 입거나, 슬랩스틱 개그를 하면서 등장하기도 하지요. 이런 행동은 직전 무대의 희극인이 준 여운을 리셋하고 관객을 확실하게 주목시켜 준비한 개그를 보여주기 위함입니다. 집에서 사람들을 웃길 필요는 없지만, '주목시키기'를 염두에 두는 것도 방법이 되겠습니다.

Step 38

등원·등교를 스스로 준비하게 하는 말

> **말걸기 066 [기본]**
>
> **BEFORE** 이 닦고 나서 옷 갈아입어! 8시에 출발해야 돼.
> 아, 오늘 비 온다니까 우산 챙기고. 어휴, 얼굴에 케첩 묻었잖아!
> --
> **AFTER** 이 닦을까? → (끝난 후) → 옷 갈아입자
> --
> **★POINT** '급할수록 돌아간다'라는 마음으로 조금만 기다려주기

　　아침에 흔히 있는 풍경입니다. 부모도 바빠서 여유가 없으면 한꺼번에 빠르게 지시를 내리고 싶어질 때가 있습니다. 하지만 어린아이나 호기심이 강한 산만한 아이는 단기 기억력이나 워킹 메모리(정보를 순간적·일시적으로 기억하여 처리하는 능력)의 용량이 작아서 한 번에 여러 지시를 기억하지 못하고 실행하지도 못합니다.

　　이럴 때는 한 가지가 끝나면 다음, 그것이 끝나면 또 다음 순서로 천천히 한 가지씩 지시하면 아이가 스스로 준비하게 됩니다. 급하게 서두르다 보면 많은 정보에 혼란스러워 오히려 준비가 늦어질 수 있습니다. 그러니 '급할수록 돌아간다'라는 마음으로 조금만 기다려 주는 것이 결국 가장 빠른 길입니다.

아침 등교(등원) 준비를 위한 효율적 방법

그러나 매일 아침 하나하나 말하는 것도 지치기 때문에, 아무리 해도 여유가 없을 땐 이런 방법도 도움이 됩니다.

- 포스트잇에 해야 할 일을 하나씩 쓰고 순서대로 배치한 후, 완료한 일이 적힌 포스트잇은 윗줄로 옮긴다.
- 등교(등원) 준비 내용을 일러스트나 사진으로 인쇄하고, 번호를 매겨 순서대로 붙여 일람표를 만든다.
- 스마트폰 알람에 준비 순서대로 음성을 입력하여 놓는다.

이렇게 하면 부모도 머릿속에서 정리가 됩니다. 또 포스트잇과 스마트폰은 언제나 상냥하고 지속적으로 도움을 주니 걱정할 필요도 없습니다. 다만 말걸기나 위와 같은 노력에도 전혀 나아지지 않을 때는 아이가 학교에 가고 싶지 않거나 눈에 보이지는 않지만 몸 상태가 안 좋을 가능성도 있습니다. 그럴 때는 아이의 몸과 마음을 먼저 케어하는 것이 좋습니다.

또, 만약 학교에서 아이가 선생님의 복잡한 지시를 제대로 알아듣지 못해서 수업을 따라가기 힘들 것 같으면 선생님에게 "한 번에 여러 지시를 따르기 힘들기 때문에 번거롭겠지만 칠판에 번호를 매겨 써주시면 감사하겠습니다"라고 따로 말을 하거나 편지를 써서 정중하게 부탁해보는 것도 좋은 방법입니다. 이것만으로도 충분히 아이의 부담감을 덜어줄 수 있습니다.

말걸기 067 [응용]

BEFORE 이 닦을까? → (끝난 후) → 옷 갈아입자

AFTER 이 닦기가 끝나면, 다음에 뭘 해야 하지? → 거울 봐. 그럼 된 거야?
→ 시계 봐. 시간 맞을 것 같아?

★POINT 순서가 익숙해지면, 다음 순서를 환기하는 질문하기

아이의 등교(등원) 준비 등 '작업의 순서'에 익숙해지기까지는 하나씩 알려주면 됩니다. 하지만 부모의 목표는 아무 말 하지 않아도 아이 스스로 시간에 맞출 수 있도록 생각하고 행동할 수 있게 되는 것입니다.

이를 위해 조금씩 다음 순서를 환기하는 질문이나 확인하는 말을 해보세요. 부모가 말하지 않아도 스스로 다음 행동을 할 수 있도록 이끌어주어야 합니다.

"다음엔 뭘 해야 하지?", "뭘 하면 될까?"와 같이 다음 행동을 떠올릴 수 있도록 질문하거나 "그럼 된 거야?", "시간 맞을 것 같아?"라고 확인하면서 유도해야 합니다.

이때, "거울 봐", "시계 봐"라고 구체적으로 아이가 체크할 수 있는 물건을 알려주면 좀 더 쉽게 다음 행동을 떠올릴 수 있게 됩니다.

애매한 지시를 구체적으로 바꾸는 말

> **말걸기 068 [기본]**
>
> **BEFORE** 조금만 기다려
>
> -
>
> **AFTER** 앞으로 ○분만 기다려
>
> -
>
> **★POINT** 애매한 말은 구체적으로 바꿔준다

사실 "조금만", "금방"과 같은 말은 인생 경험이 적은 어린아이나 합리적인 타입의 아이는 이해하기 힘든 표현입니다.

그보다는 "앞으로 ○분", "엄마가 이 접시를 다 씻을 때까지"와 같이 숫자나 실제 예, 행동 등으로 '잠깐만'이 어느 정도인지 아주 구체적으로 말해주면 아이가 바로 알 수 있습니다. 조금 귀찮기는 하지만요.

"조금만"이나 "제대로"와 같은 말은 눈에 보이지 않기 때문에 시각화하기 힘들어서 제대로 이해하지 못하는 아이도 있습니다.

그 행동이 습관으로 정착되기까지는 "제대로"라는 말이 무엇과 무엇을 할 수 있으면 되는 것인지, 그때마다 구체적으로 시각화하기 쉽게 설명해주는 것이 좋습니다.

구체적 예시를 보여주는 방법

애매한 지시는 말로만 하는 게 아니라 눈에 보이도록 하면 좀 더 쉽게 이해할 수 있습니다. 예를 들어 이렇게 말입니다.

- 손가락 카운트, 종료 시각 타이머, 번호표, 포스트잇 등을 활용해서 앞으로 얼마가 남았는지 횟수, 숫자, 양으로 눈에 보이도록 한다.
- 본보기가 되는 실제 예(형제, 친구)나 참고가 되는 사진, 동영상을 활용해서 '조금만', '제대로'가 이 정도라는 이미지를 만들어준다.

분위기 변환표 : 애매한 지시를 구체적으로	
BEFORE	AFTER
대충하면 돼.	80% 정도면 오케이.
늘어져 있지 말고.	등을 곧게 펴고 앞을 봐.
제대로 줄을 서.	이 선 안쪽에 서.
청소 깨끗이 해.	여기서부터 여기까지 쓰레기를 주워줘.
제대로 해.	지금 하는 것을 다시 확인해볼까?
적당히 해.	피곤하면 쉬어도 돼.
이 근처에 있자.	이 시계탑 아래서 기다릴까?

또, 기다리는 시간이나 쉬는 시간에 "편하게 있어", "하고 싶은 거

해"처럼 애매한 지시를 들을 경우, 오히려 무엇을 어떻게 해야 좋을지 혼란스러워하는 아이가 있습니다.

이런 아이는 게임기나 만화책, TV 리모컨을 주고 "게임해도 돼", "이 책 읽어도 돼", "이거 보면서 기다려"라고 구체적으로 말해주면 도움이 됩니다. 학교에서 쉬는 시간을 어떻게 보내야 할지 모르는 아이에게는 좋아하는 책을 주고, "쉬는 시간엔 이 책을 읽어"라고 구체적으로 '해야 할 일, 해도 되는 일'을 알려주면 아이도 부모도 안심이 됩니다.

어른도 미용실 대기석에 잡지가 놓여 있거나 일 때문에 거래처에 가서 기다릴 때 과자나 차가 나오면 좀 더 편하고 수월하게 기다릴 수 있습니다. 아이도 마찬가지이지요.

말걸기 069 [응용]

BEFORE 간장을 한 숟가락 부어줘

AFTER 간장을 조금만 부어줘 → 그래, 딱 그만큼이야

★POINT 애매한 말에도 조금씩 익숙해지게 한다

세상에는 언제나 친절하게 알려주는 사람만 있지 않습니다. 그러므로 아이에게 '조금만'이나 '대략'의 경험치가 어느 정도 쌓이면 애매한 말에도 조금씩 익숙해지도록 도와주세요.

예를 들어 함께 요리를 할 때 "간장 조금만 부어줘", "불 세기는 대략 이 정도면 돼"와 같이 말이지요. 그리고 '조금만'이나 '대략'을 알려줄

때 옆에서 "그래, 그 정도가 '조금만'이야", "그래, 그 정도가 '대략'이야" 라고 말해줍니다.

만약 '조금만'을 맞추지 못했을 경우에는 "음, 이건 '조금' 짜네. '조금만' 물을 더하자"라고 함께 맛을 보면서 미세하게 조정하면 됩니다. 애매한 말의 이미지를 아이와 공유할 수 있게 되면 굳이 신경 쓰지 않아도 서서히 말이 잘 통할 수 있게 될 거예요.

Step 40

공부를 미루지 않게 해주는 말

> **말걸기 070 [기본]**
>
> **BEFORE** 적당히 해!
> --
> **AFTER** 앞으로 몇 분 정도면 끝날 것 같아? → 끝냈구나
> --
> **★POINT** 무언가에 빠져 있을 때는 아이의 세계에 맞춰 말을 건다

아이가 게임에 빠져서 공부를 제대로 하지 않을 때는 당연히 화가 납니다. 하지만 부모가 화가 난다고 게임기 전원을 빼서 중요한 게임 아이템이 사라져 버리기라도 하면 그것이 전쟁의 시작이 되기도 합니다. 아이는 아이대로 사정이 있는데 말이죠.

이럴 때는 아이의 세계에 맞는 언어로 말을 걸면 의외로 저항 없이 끝나는 경우도 있습니다. 예를 들어 "앞으로 몇 분이면 이 판이 끝나는 거야?", "다음 세이브 포인트까지 얼마나 남았어?", "그 아이템만 얻으면 돼?"와 같이 끝맺을 수 있는 포인트를 물으면 됩니다.

"앞으로 5분이면 저장할 수 있어"라고 스스로 결정한 약속을 (조금 시간이 넘어도) 지키면 "끝냈구나!"라고 말해주세요. 더 이상 공부를 미루지 않고 시작할 수 있게 됩니다.

말걸기 071 [응용]

BEFORE 〉 언제 숙제 다 끝낼 거야?

AFTER 〉 숙제 몇 시부터 할 예정이야?

★POINT 잘 움직이지 않는 아이에게는 스스로 말하게 하고 실행하도록 유도한다

축 늘어져서 시동이 걸리지 않는 아이에게 "도대체 언제 숙제할 거야!?"라고 소리를 지르면 "지금 하려고 했는데 엄마 때문에 하고 싶은 마음이 없어졌어!"라고 말하는 경우가 꽤 있을 겁니다.

여느 유명 학원 선생님처럼 "지금 해!"라며 즉시 아이를 움직이게 하고 싶지만 현실은 그렇지 않습니다. 잘 움직이지 않는 아이에게는 먼저 "몇 시부터 할 예정이야?"라고 본인의 의사나 상황을 물어보고, 거기서 "음~ 저녁밥 먹고 7시부터 할까?"라는 마지못한 답이라도 들었다면 다행입니다.

그다음엔 "오케이! 7시부터지? 잊지 않도록 알람 설정해 놓을까?"라며 묻고 스스로 실행하도록 도와주세요.

그리고 숙제를 하기 시작한 시점에 "약속한 시간에 시작했네"라고 별일 아닌 듯 스스로 약속을 지킨 사실을 환기해주면 평소 일을 미루는 아이에게 뿌듯함을 줄 수 있습니다.

Step 41

따라 하도록 본보기를 보이는 말

> **말걸기 072 [기본]**
>
> **BEFORE** 시끄러워!
>
> **AFTER** 목소리를 이 정도쯤으로 해줄래?
>
> **★POINT** '아이가 해줬으면 하는 일'은 눈앞에서 시범을 보여라

'아이가 해줬으면 하는 일'은 아이 눈앞에서 구체적으로 시범을 보이면 훨씬 쉽게 전달됩니다. 예를 들어 아이가 소란을 피울 때, "시끄러워!"라고 말하는 것만으로는 부족할 수 있습니다. 어린 아이는 비교적 상대가 말하는 의도를 쉽게 파악하기 어려워서 부모의 말이 '조용히 해라'라는 뜻인지 모르기 때문이죠(특히 아이보다 더 큰 목소리로 '시끄러워!'라고 소리치면 설득력이 없습니다).

이럴 땐 부모가 그 장소에 맞는 적당한 크기의 목소리로 "그래! 그 정도 목소리 크기로 부탁해"라고 말해줘야 합니다. 이것을 반복하다 보면 점점 그 장소에 적당한 성량과 목소리 톤을 익히게 됩니다.

'아이가 해줬으면 하는 일'을 부모가 인내심을 갖고 반복해서 시범을 보여주는 것은 상당히 어려운 일입니다. 하지만 이렇게 하면 아이가 할 수 있는 일이 확실하게 늘어나는 걸 확인할 수 있어요.

'목소리 크기'를 보여주는 여러 가지 방법

'시범 보여주기' 외에도 다양한 방법으로 성량을 의식하는 훈련을 할 수 있습니다. 예를 들어 "지금 목소리는 TV 볼륨이면 5 정도야"라며, 익숙한 사례를 들어 구체적으로 알려주는 거지요. 그 외 다른 방법에는 이런 것들이 있습니다.

○ 목소리 크기를 단계별로 나누어 시각적인 표로 전달한다(목소리 크기 예시는 아래 표 참조).

Vol. 4	최대한 큰 목소리	큰 발표 / 대형 콘서트
Vol. 3	큰 목소리	모두가 들어줬으면 할 때 / 발언할 때
Vol. 2	보통 목소리	일반적인 대화
Vol. 1	작은 목소리	비밀 대화
Vol. 0	목소리 내지 않음	다른 사람의 이야기를 들을 때 / 잘 때

○ 윙크하면서 "쉿!"하며 입에 손가락을 가져다 대기, 눈을 맞추면서 입 옆에서 엄지과 검지를 천천히 맞대기 등 제스처나 손동작을 병행한다.

사실 성량 컨트롤은 감정 컨트롤 입문과 같습니다. 감정을 자유자재로 컨트롤하는 것은 수행승에게도 쉽지 않지만, 성량이라면 비교적 간단하게, 의식만 하면 어른이나 아이도 가능합니다. 자기도 모르게 욱하는 아이일수록 꼭 성량 컨트롤 방법을 활용해보시기 바랍니다.

말걸기 073 [응용]

BEFORE 침착해!

- -

AFTER 숨을 내뱉고 (후~) 들이마시고 (흐읍~)

- -

★POINT 아이를 진정시키고 싶을 때는 먼저 부모부터

아이가 공공장소에서 흥분해서 큰 소리로 울거나 소란을 피우면 주위 시선이 따가워 한시라도 빨리 조용히 시키고 싶어집니다. 노하우가 없으면 좀처럼 쉽지 않은 일이죠.

이럴 때는 "숨을 내뱉고 (후~) 들이마시고 (흐읍~)" 하며 부모가 함께 숨을 정리하는 시범을 보이며 리드하면 좋습니다. "천천히 순서대로 말해줄래?"라며 '어떤 행동을 하면 좋은지'를 온화하게 물어보세요. 이때 중요한 것은 아이보다 먼저 부모가 진정해야 합니다. 부모는 아이의 감정에 휘말리기 쉽기 때문에 아이가 울면 같이 당황할 수 있습니다.

또, 짜증을 자주 내는 아이는 본래 감각이 예민해서 그럴 수 있습니다. 이 경우에는 의사와 상담을 하면서 특정 소리나 냄새, 색, 사람, 장소 등 원인이 되는 자극을 가능한 피하도록 하고, 마스크나 시끄러운 소리를 막아줄 수 있는 귀마개 등을 사용하여 아이를 보호해주세요. 그러면 예민함에 대한 부담을 아이가 덜 수 있을 겁니다.

Step 42

화내지 않고 쉽게 알려주는 말

말걸기 074 [기본]

BEFORE 뭘 그렇게 꾸물거려!

AFTER 일단 물건을 내려놓고, 양손을 쓰자

★POINT 아주 작은 행동 변화로 할 수 있는 것이 많아진다

아이가 현관에서 꾸물거리면 손을 잡고 서둘러 나가고 싶어지죠? 하지만 급하게 서두르면 역효과가 날 수 있습니다.

이럴 때는 침착하게 아이의 행동을 잘 관찰해보세요. 아이가 양손에 신발주머니와 준비물 가방을 든 채로 신발을 신고 있지는 않나요? 양손을 자유롭게 쓸 수 있는 상태라면 몸을 더 빨리 움직일 수 있습니다. 한쪽 다리로 서 있어서 신발이나 양말을 잘 신지 못할 때에는 "앉아서 신어봐"라고 말해주세요.

아주 작은 행동 변화만으로 정말 간단하게 해결되는 일이 상당히 많습니다. 아이도 머리로 알고 있으면서 잊어버리는 경우가 많기 때문에 잘 관찰해서 아이에게 알려주면 좋습니다. 더욱이 TV나 동영상을 보면서 등교(등원) 준비를 하면 늦어지는 것은 당연합니다. "준비 끝날 때까지는 전원 끄기"라며 기본적인 습관을 들이는 것도 중요합니다.

BEFORE 야! 흘렸잖아!

AFTER 냄비에 그릇을 가까이 가져가면 안 흘려

★POINT 행동하는 법을 구체적으로 알려주고 기다린다

아이가 요리를 도와주고 싶다고 했지만, 재료를 여기저기 흘리거나 위험한 조리도구에 다칠까 봐 신경 쓰일 때가 있지요.

이것도 아침 등교 준비와 마찬가지로 해결할 수 있습니다. 된장국을 뜰 때 국물을 흘린다면 "냄비에 국그릇을 가까이 대면 괜찮아", 냄비에 재료를 넣을 때 뜨거운 국물이 튀어 위험하다고 생각되면 "뜨거운 국물 가까이에서 재료를 넣고 손을 빨리 빼야 해"라면서, (일단 불에 가까이 가지 않도록 하는 것이 더 좋겠죠?) 움직이는 방법을 구체적으로 알려주면 아이는 "해냈다!"라고 기뻐할 겁니다.

도구와 환경을 아이에게 맞춘다

아이가 어떤 행동에 서툴 때는 그 아이에게 적당한 도구나 환경으로 바꿔주는 것도 하나의 방법입니다. 요리의 경우엔 발판 준비하기, 물건 배치를 낮추기, 동선을 확보하기, 아이용 칼이나 도구를 준비하기, 적당한 무게·크기의 프라이팬을 사용하기 등의 방법이 있습니다.

BEFORE 이럴 때는 이렇게 하는 거야

AFTER 엄마가 여기서 보고 있을게

★POINT 방법을 익혔다면 서서히 떨어져서 지켜본다

아이가 행동하는 방법을 익혔다면 부모는 서서히 떨어져서 지켜봐주면 됩니다. 만약 아이가 불안한 시선으로 부모 쪽을 쳐다보면 눈을 맞추면서 "응"이라고 가볍게 고개를 끄덕여주며 용기를 불어넣으세요. 그렇게 스스로 할 수 있을 때까지 부모가 가까이서 지켜보면 '자립'에 한 발짝 가까워질 겁니다.

육아의 법칙

무대 뒤, 검은 옷 조력자의 법칙

'검은 옷 조력자'는 연극을 할 때 무대 뒤에서 배우에게 몰래 대사를 알려주거나 눈에 띄지 않게 소품을 교체하는 등 없어서는 안 될 그림자 같은 존재입니다('프롬프터'라고도 함). 부모는 아이라는 주인공이 움직이기 쉽도록 도와주는 검은 옷 조력자 역할이라고 생각합니다. 행동이 서툰 아이라도 부모가 도움을 주면 단추를 채우거나, 신발 끈을 묶거나, 콤파스를 돌려 동그라미를 그리는 일 등을 더 쉽게 할 수 있을 거예요.

급할 때 아이를 기다려주는 말

> **말걸기 077 [기본]**
>
> **BEFORE** 빨리해!
> -
> **AFTER** 천천히 해도 돼
> -
> **★POINT** 아이를 안심시키면 속도가 빨라진다

성질이 급한 부모에게는 자기만의 속도로 움직이는 아이를 기다리는 일만큼 견디기 힘든 일은 없을 겁니다. 더욱이 부모가 여유가 없을 때에는 한층 더하지요. 하지만 행동을 척척 잘 해내지 못하는 아이나 산만한 아이는 압박감을 느낄 때 더 느려지기도 합니다.

이럴 때는 "천천히 해도 돼", "기다릴게", "괜찮아"라는 말로 먼저 안심시키면 좋습니다. 이렇게 조급함을 달래주고 안심하게 하면 오히려 행동이 빨라집니다. 혹여 겨우 몇 분 늦더라도 큰일이 일어나는 경우는 일상생활에서 거의 없습니다.

그런데도 꾸물거리는 아이를 옆에서 보고 있자면 조바심이 나서 참을 수 없기도 합니다. 이럴 때는 아예 보지 않는 것도 좋은 방법입니다. "끝나면 알려줘"라고 말하고 조금 떨어져, 빨래를 널거나 다른 일을 하면서 기다리는 것이 훨씬 생산적으로 시간을 보내는 방법입니다.

시간을 단축해 여유 가지기

바쁜 아침, 1분이라도 절약할 수 있으면 그만큼 더 아이를 기다려줄 수 있습니다. 예를 들어 이렇게 말이죠.

- 아이가 갈아입을 옷이나 준비물을 전날 밤 미리 준비한다.
- 아침 식사는 간단히 준비 가능하고 가볍게 먹을 수 있는 것으로 한다.
- 현관에 모자, 외투, 손수건, 우산 등을 둔다.

말걸기 078 [응용]

BEFORE ○분밖에 안 남았어

AFTER ○분 더 기다릴게

★POINT 느긋하게 기다리기 힘들 때라도 말과 표정만은 다르게

등교 시간에 늦어서 느긋하게 기다리기 힘들 때라도, 아이에게 해주는 말을 "기다릴게"로 바꾸면 수월하게 기다릴 수 있습니다. 긴장하면 몸이 굳어지므로 아이에게는 온화하게 말해주세요. 그러면 움직임이 조금 더 빨라집니다.

그리고 함께 등교하는 친구들을 기다리게 하는 게 걱정될 때, 아이의 친구에게 "우리 아이가 늦더라도 ○시 ○분이 되면 출발해"라고 미리 일러주면 한결 마음이 편해집니다.

아이의 이득을 알려주는 말

말걸기 079 [기본]

BEFORE 언제까지 할 거야!

AFTER 5분 안에 끝내면 10분 놀 수 있어

★POINT 이득이 되는 점을 합리적으로 전달한다

아이들은 대부분 그렇지만, 좋아하는 것에 매달리는 경향이 강한 아이는 자신이 그다지 흥미가 없는 것에 (예를 들어 숙제나 청소) 시간을 질질 끌거나 산만해집니다. 어른들도 하고 싶지 않은 일에는 시간이 걸리는 것과 같습니다.

이때 아이는 '필요 없다', '재미없다'라고 생각하기 때문에 그 아이 마음이 열리도록 "○○하면 ○○할 수 있어"라고 해주면 동기부여가 됩니다. 또 합리적으로 상황을 생각하는 이과 타입 아이에게는 구체적인 숫자나 그림, 표 등을 사용하여 논리적으로 전달하면 더욱 효과가 있습니다.

아이도 자신에게 이득이 된다고 느끼면 지체하지 않고 행동으로 옮길 수 있습니다.

BEFORE 그렇게 하면 이득이야

AFTER 그렇게 해주면 누군가에게 도움이 돼

★POINT 정서적인 접근도 중요하게 생각한다

합리적인 아이가 있는 반면, 정서적인 성향이 강한 아이도 있습니다. 이런 아이는 손실과 이득, 구체적인 숫자를 제시하면 오히려 거부감을 보입니다.

이렇게 감성이 풍부한 아이에게는 "○○해주면 ○○에게 도움이 돼", "모두 좋아할 거야", "방이 깨끗해지니까 기분이 좋네"라고 기분이나 감정적인 면을 강조해서 전달하면 효과적입니다.

또한 (조금 욕심을 내서 말하자면) 합리적인 타입의 아이에게도 정서적인 면이 커지면 '세상의 모든 것이 이해득실로만 돌아가지 않는다'는 점을 알려주는 것도 좋습니다.

예를 들어 "낙엽이 쌓여 빗물이 흘러 내려가지 못하면 안 되니까 미리 치워 놓자. 그럼 옆집 할아버지에게 도움이 될 거야"라며 함께 집 앞 청소를 하는 것이지요.

Q ▶ 아이가 발달장애 진단을 받았는데, 일반 학교에 배려를

부탁하기 위해서는 어떻게 해야 할까요?

A ▶ 먼저 '작은 배려'를 받아 할 수 있는 일을 쌓아가요.

먼저 학교 측에 그다지 부담이 되지 않는 정도에서 '약간의 배려', '사소한 배려'를 정중하게 부탁하고, 그 배려를 통해 아이가 '할 수 있게 된 일'을 쌓아보세요.

부탁을 할 때는 "아이가 집중하지 못하면 '지금 ~하고 있어'라고 말을 걸어주기만 해도 도움이 될 거예요"와 같이 가벼운 말걸기 예시를 구체적으로 제안해주면 좋습니다.

필요한 물건을 지참하고자 할 때에는 "숙제를 할 때 쿠션에 앉으면 침착해지는데 교실에 가져가도 될까요?"라고 하면 됩니다. 단, 이런 물건은 가정에서 충분히 사용한 다음에 '집에서는 이렇게 하면 잘 적응한다'며 실제 예를 들어 설명해주면 비교적 쉽게 이해받을 수 있습니다.

약간의 노력으로 학교에서는 부담이 줄고, 허용의 폭도 넓어질 수 있습니다. '○○이는 이렇게 하면 반 친구들과 똑같이 할 수 있다'라는 실제 사례가 늘어나면 앞으로 학교 측의 이해도 얻기 쉬워질 겁니다.

흥미와 관심에 맞춰 대화하는 말

말걸기 081 [기본]

BEFORE ▷ 빨리 씻어!

───

AFTER ▷ 저녁밥은 카레다~

───

★POINT 흥미 있는 일은 곧바로 실행하고 열심히 할 수 있다

부모에게도 사정이 있기 때문에 아이가 시간을 끌며 다음 행동으로 넘어가지 않으면 곤란합니다. 하지만 아이는 자신이 흥미 있는 일은 열심히 하고, 바로 행동하기도 합니다.

예를 들어 아이가 욕실에서 나오지 않아 가족들이 저녁밥을 먹지 못하고 있을 경우, 메뉴에 아이가 좋아하는 것이 있으면 "저녁밥은 카레야!"라고 해보세요. 아니면 아이가 좋아하는 아이돌이 있을 때 "지금 TV에 ○○ 나왔어", "조금 있으면 ○○이 나오는 드라마 시작해"라고 말하면 눈썹이 휘날리도록 뛰어 나올지도 모릅니다.

흥미나 관심은 살아가는 데 에너지의 원천과 같습니다. 정말 심각한 우울증에 걸린 사람은 어떤 것에도 흥미나 관심이 없지요. 흥미와 관심이 있는 일을 언급해주면 행동이 느린 아이도 몸이 가벼워지는 걸 볼 수 있답니다.

BEFORE 왜 그냥 화해를 못 할까?

AFTER '짱구는 못말려'에서 짱구하고 철수가 싸웠을 때…

★POINT 좋아하는 것, 가까운 것을 예로 들면 쉽게 이해한다

아이가 좋아하는 것을 예로 들어 설명하면 아이의 머릿속, 마음속에 정보가 자연스럽게 스며들 수 있습니다. 친구와 싸웠을 때 화해하는 방법부터 사회 구조나 살아가면서 중요한 일까지 아이가 좋아하고 잘 아는 친근한 사례를 들어 설명해주면 "아! 그렇구나"라고 쉽게 납득을 합니다.

아이가 좋아하는 만화나 애니메이션, 동경하는 스포츠 선수의 에피소드, 흥미를 유발하는 역사 이야기 등을 활용하여 예를 들어주면 약간 복잡한 이야기라도 귀를 기울일 겁니다.

또 공부할 때 교과서 중심의 수업에서는 재미를 느끼지 못하는 아이도 "겨울에 안경이 하얗게 습기 찰 때 있지? 그거처럼…"과 같이 일상생활의 가까운 예를 들어주면 호기심을 느껴 진지하게 들어주기도 합니다. 아이의 흥미와 관심, 또는 가까운 사물을 예로 들기 위해서는 평상시 아이의 세계에 안테나를 세우고 있어야 합니다.

Q ▶ 좋아하는 일에는 집중하지만, 학교 성적은 좋지 않습니다.

요즘 공부 자체가 싫어진 것 같기도 합니다.

A ▶ 아이에게 맞는 공부를 한다면 '할 수 있는 아이'라고 믿음을 가지세요.

숙제나 학원에 대한 부담, 친구들에게 놀림감이 되는 등 좋지 않은 경험이 계속되면 원래는 배우고자 하는 의욕이 넘쳐났던 아이도 점점 공부 자체에 부정적인 이미지를 가지게 됩니다.

이런 아이에게는 시간을 들여 흥미와 관심거리를 중심으로 '그 아이에게 맞는 공부법'을 부모가 함께 찾아주면 됩니다. 일단은 아이의 일상생활을 잘 관찰해보세요. 게임을 좋아하면 "제일 좋아하는 게임 장르가 뭐야?"라고 묻고, '시뮬레이션'이라고 답하면 전략을 다룬 역사책을 사주는 것도 하나의 방법입니다.

그 외에도 '아이가 집중할 수 있는 것에는 무엇이 있는가? 지금 빠져있는 것은 무엇인가? 성적표 중에서 비교적 좋은 점수를 받은 과목은 무엇인가? 어릴 적 빠져 있던 것은 무엇인가?' 등의 정보를 통해 '아이에게 맞는 공부법'의 힌트를 얻을 수 있습니다.

그리고 무엇보다도 시험 점수나 성적표의 평가에 연연하지 말고, 아이가 지금 자신에게 맞는 공부를 하고 있다면 '할 수 있는 아이'라는 믿음을 부모가 먼저 갖는 것이 가장 중요합니다.

의인화로 눈높이를 맞추는 말

BEFORE 반찬, 흘렸잖아!

AFTER 당근 도망쳤다! 잡아라!

★POINT 발상을 전환하여 유머러스하게 말하자

아이의 흥미를 끌기 위해서는 '의인화'하는 테크닉을 활용하면 효과적입니다. 발상을 전환해서 조금만 전달법을 고민하면, 즐겁게 할 수 있는 일, 의욕이 생기는 일이 의외로 많습니다.

특히 아이가 어떤 실패를 했을 때, 유머로 위로해주면 기분이 금방 풀립니다. 예를 들어 이렇게 말이죠.

○ 등교 준비가 빨리 되지 않을 때 → "토끼 양말이 'OO아 나를 데려가 줘'라고 말하네."

○ 요리를 도와주었으면 할 때 → "옥수수가 겉옷을 벗겨달라고 하네."

○ 넘어졌을 때 → "지구가 OO이랑 뽀뽀하고 싶어졌나 보다."

또한 평상시 가장 좋아하는 인형에 이불을 덮어주는 등 아이가 좋아

하는 것을 가족들이 소중하게 여기면, 아이는 자신을 소중하게 생각해주는 것과 똑같이 기쁨을 느낍니다.

의인화를 이용한 대화법

의인화를 통해 부모와 자녀가 대화하는 구체적인 예를 들어보겠습니다. 만약 아이가 잠자기 전 이를 잘 닦지 않을 때는 다음과 같은 방법으로 상황극을 해보세요. 심술꾸러기도 쉽게 움직일 겁니다.

엄마 : 어? 잠깐만 입을 벌려서 보여줘!

아이 : 아~앙? (입을 벌린다.)

엄마 : 아~! 세균이 행복해하고 있어. '오늘은 배불리 먹겠군! 돈가스 고마워'라고.

아이 : 아잇! (양치를 시작한다.)

엄마 : 우와, 그만 둬! 우리는 ○○이가 너무 좋단 말이야. 계속 함께 있고 싶어. 이 닦지 말아줘!

아이 : (치카치카…)

엄마 : 모두 큰일 났다! 구석으로 숨어! 여기라면 못 찾겠지(입속을 들여다본다). 아! 여기 이 사이와 어금니 뒤에 숨어 있자!

아이 : (치카치카…)

엄마 : 악! 흘려보내지 마! 나랑 같이 살자~

아이 : (우글우글 푸~)

엄마 : 우와아… 나 사라진다!

아이 : 이제 없지? (이를 보여준다.)

엄마 : 응.

아이 : (빙그레 웃는다.)

이것으로 이 닦기를 해치웠습니다!

몸의 일부에 이름을 붙이자

의인화는 어린아이의 몸을 돌볼 때나(몸단장이나 간병, 상처 치료 등) 약간의 경고를 줄 때에도 효과적입니다.

아이나 부모의 몸 특정 부분에 이름을 붙여서 말하면, 즐겁고 쉽게 몸단장이나 케어를 할 수 있습니다. 또한 부모가 말하고 싶은 것을 유머러스하게 전할 수도 있습니다. 예를 들어 이렇습니다.

◦ 아이의 배꼽을 '배꼽이'로 이름 붙이고 "배꼽이가 춥대"라며 속옷을 입히거나 이불을 덮어준다.

◦ 아이의 배가 아플 때 "배꼽이한테 '여보세요' 해봐. 여보세요~?"라며 배에 귀를 가져다 대고 소리를 듣는다.

◦ 자신의 뱃살을 '도깨비'라고 이름 붙이고 낮은 목소리로 "늦게까지 안 자는 아이 잡으러 가자!"라고 말한다.

◦ 피부가 거칠어진 아이의 팔꿈치나 발뒤꿈치의 '각질이'들에게 "모두

보습 크림을 발라줄게, 줄 서!"라고 말한다.

저도 비 오는 날에 "햇님이 오늘은 빨래를 쉬어도 된다고 말하네"라고 하거나 전기밥솥 스위치 누르기를 잊어버렸다면 "오늘은 밥솥이 밥을 만들고 싶지 않다네. 어쩔 수 없으니까 배달 음식을 시킬까?"라고 말합니다. 집안일을 하기 싫을 때 변명으로도 사용할 수 있지요.

퀴즈로 행동을 이끌어 내는 말

> ## 말걸기 084 [기본]
>
> **BEFORE** 책가방 깜박했잖아!
>
> --
>
> **AFTER** 퀴즈입니다. 학교 갈 때 필요한 것은 뭘까요?
>
> --
>
> **★POINT** 퀴즈를 내면 자주 깜박하는 아이도 즐겁게 알아차린다

유난히 깜박하는 아이, 허둥대는 아이에게 퀴즈를 내어 잊어버린 사실을 알아차리게 하면 반복해서 주의를 줄 때보다 효과적입니다.

예를 들어 아침에 정신없이 바빠서 준비물을 자주 깜박하는 아이에게 "자, 퀴즈입니다. 학교에 갈 때 필요한 것은 무엇일까요?"라고 퀴즈를 내면, 그 순간 번뜩하고 알아차리게 됩니다.

그 외에도 "음악할 때 사용하는 도구는… 1번 리더, 2번 리코더, 3번 코더, 무엇일까?"라고 보기를 주거나, "수영장에 갔을 때 입고 있지 않으면 사람들이 '아악!'하고 소리 지르는 물건은 뭘까? 힌트! '아악! 멋져♡'라는 의미가 아니야"처럼 힌트를 줘도 됩니다.

아침에는 부모도 여유가 없어서 자기도 모르게 신경이 날카로워지기 쉬운데, 간단한 퀴즈를 내는 것만으로도 분위기가 달라집니다.

깜박 잊는 버릇을 방지하는 방법

매일 같은 것을 잊어버리는 게 습관이 된 경우에는 퀴즈를 종이에 써서 현관문에 붙여 놓거나 스마트폰의 알람에 음성 녹음을 해 놓으면 효율적입니다.

또, 손에 든 물건(등하교 시), 준비물(숙제, 프린트물, 알림장)을 자주 깜박하는 아이에게는 이런 방법을 써보세요.

- 책가방 안쪽에 '집에 올 때 가지고 올 물건 리스트'를 만들어 붙인다.
- 중요한 준비물이 있을 때는 알림장에 눈에 잘 띄는 색으로 '준비물 있음'이라고 표시한다.
- 교과서나 노트 등의 책에 '국어는 빨강, 수학은 파랑'으로 색 스티커를 붙여 구분하기 쉽게 한다.
- 천 원 가게에서 산 정리 상자에 '학교 프린트물은 집에 오면 바로 여기에 넣을 것'이라 써서 보관함을 만든다.
- 도구 보관함에 예비 필기구와 노트를 넣어 둔다.
- 중고생은 투명 펜 케이스에 포스트잇이나 메모장으로 '숙제, 준비물 체크 리스트'를 스스로 만들어 놓게 한다.
- 학교 사물함에 교과서를 두고 다니게 한다.
- 손목 밴드에 '숙제 내세요'라고 메시지를 써준다.

Q ▶ 아이가 깜박하는 물건이 너무 많아서

부모가 학교 시간표를 외우고 있습니다. 과잉보호일까요?

A ▶ 그럴 수 있습니다. 앞으로 천천히 손을 떼면 됩니다.

깜박하는 일이 잦은 아이는 아무래도 물건을 놓고 오는 일이 많습니다. 흔히 말하는 "제대로 당해봐야 다신 안 그런다"라는 말은 어디까지나 주위를 보고 자연스럽게 배우는 것이 가능한 아이 이야기입니다. 애초에 주위를 잘 살피지 못하는 아이는 '이런, 다음엔 주의해야지'라고 생각하지 않습니다.

하지만 걱정스러운 점은 그것 때문에 선생님께 매번 혼나고, 그모습을 같은 친구들이 보는 것입니다. 이런 아이는 다른 일로도 주의나 야단을 자주 듣기 때문에 학교 자체가 싫어지기도 합니다.

그래서 이런 상황을 피하기 위해 일정 기간 부모가 시간표를 외워서 도움을 주는 것도 하나의 방법입니다. 저는 이것을 '과잉보호'라고 생각하지 않습니다. 주변에서 아이가 할 수 있는 일을 늘리기 위해 불필요한 질책을 줄이는 일은 과잉보호가 아니고 '도움'입니다.

다만, 어른이 되어서까지도 부모가 계속 뒷바라지하는 일은 없어야 합니다. 그러므로 먼저 본인이 해본 후에 부모가 체크를 하면서 서서히 아이 혼자서 할 수 있도록 조금씩 손을 떼면 됩니다.

Step 48

시간을 반드시 지키게 하는 말

말걸기 085 [기본]

BEFORE 이제 거의 끝날 때가 됐어

AFTER 이거 봐, 남은 시간이 이만큼 있네

★POINT '눈에 보이지 않는 것'은 느낌이 오지 않는다

시간, 공간, 암묵적 룰, 서랍 속까지, '눈에 보이지 않는 것'을 잘 의식하지 못하는 아이들이 꽤 있습니다. 이런 아이들은 '보이지 않는 것은 없는 것과 마찬가지다'라고 생각합니다.

이런 아이는 반대로 보이는 것에 대한 정보는 곧잘 받아들입니다. 그러니 보이지 않는 것을 보이게 만들면 쉽게 의식할 수 있습니다. 사회적인 규칙이나 인간관계에 대한 대화법은 6장에서 상세하게 설명하겠습니다. 여기서는 시간 관리에 대한 기본 대응법에 대해 말해보죠.

예를 들어 아이가 놀이에 빠져 있어서 다음 일정에 늦을 것 같을 때, "이제 시간이 조금 남았어"라고 말하면 느낌이 오지 않습니다. 남은 시간의 양을 한눈에 확인할 수 있도록 타이머나 스마트폰 알람, 모래시계 등 '시간이 보이는' 물건을 "이거 봐"라는 말과 함께 전하면 비교적 쉽게 납득을 합니다.

이런 아이에게는 방 정리를 할 때 '보이는 정리함'을 만들어주는 것
도 좋은 방법입니다. 정리함으로는 투명 플라스틱 상자 등을 이용해 속
에 있는 물건이 보이도록 하면 됩니다.

아이가 시간을 의식하는 방법

남은 시간을 보이게 하는 방법

○ 아날로그시계 옆에 건전지를 뺀 또 다른 시계를 놓고 '끝나는 시각'에
   맞춰 놓는다.

○ 탁상시계의 아크릴 커버 면에 화이트보드용 마커로 시작이나 종료 시
   각을 직접 쓴다.

시간을 들리게 하는 방법

○ 스마트폰이나 스마트 스피커에 알람을 설정하여 '5분 전', '1분 전'을
   알 수 있게 한다.

○ '5분 정리 타임' 동안 정해놓은 음악을 튼다.

일상생활에서 시간을 의식하는 방법

○ 컴퓨터, 게임기, 스마트폰 등의 전자기기를 정해진 시간 동안 전원
   ON/OFF나 연결 제한이 되도록 설정한다.

○ 가족이 매일 같은 시간에 같은 일을 하는 '루틴'을 만들고, 아이에게

정해진 시간에 따른 역할을 부여한다(아침 O시에 출근, 등교하는 가족에게 "다녀와"라고 말하기, 밤 O시에 '불 끄기 담당'이나 '문단속 담당'을 임명하기 등).

아이가 시간을 의식할 수 있도록 노력하면 일상생활이 전반적으로 안정됩니다. 생활 리듬이 안정되면 몸도 마음도 쉽게 차분해지지요.

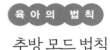

추방 모드 법칙

제가 대학생 때 아르바이트를 했던 CD가게에서는 폐점 시간이 되면 '추방 모드'에 들어가는데, 이는 고객이 자연스럽게 가게에서 나가도록 하는 방법입니다.

먼저, 그때까지 가게에 흘러나왔던 음악이 서서히 꺼집니다. 드보르작의 교향곡 9번 '신세계로부터' 2악장과 함께 조명을 점점 약하게 하고, 아르바이트생은 청소를 시작하며, 점장은 일부러 잔돈을 짤랑짤랑하면서 정산합니다.

그러면 대부분의 손님은 자연스럽게 돌아가지만, 음악감상에 빠져서 '분위기를 파악하지 못한 사람'도 가끔 있습니다. 드보르작 음악의 볼륨이 커지고, 조명은 대부분 꺼지고, 아르바이트생이 차례로 퇴근을 하고 나면, 결국엔 중년의 점장과 손님만이 남습니다. 이쯤 되면 그런 손님도 당황해하며 돌아가기 마련입니다.

그런데 어느 날 드보르작 음악까지 꺼졌는데, 조용한 가게의 한구석 프로그레시브 음악 코너 바닥에 앉아 음악을 듣고 있는 학생 한 명이 있었습니다.

점장은 "저런 사람은 큰 인물이 될 거야"라면서 그 사람의 어깨를 툭툭 건드렸습니다. 그 학생은 그제서야 자신의 주변 상황을 깨닫고 화들짝 놀라 허둥지둥 가게를 뛰쳐나갔지요. 저는 '분위기에 지지 않는 것'도 하나의 재능이지 않을까 생각합니다.

부모의 잔소리가 줄어드는 말

말걸기 086 [기본]

BEFORE ▶ 몇 번을 말하게 하는 거야!

AFTER ▶ 이거 봐. 여기에 뭐라고 써 있어?

★POINT 자주 말하는 잔소리는 종이에 적어 붙여 놓자

입에 침이 마르도록 몇 번이고 같은 말을 해도 아이가 아무 반응이 없으면 허탈감이 들지요. 저희 아이가 말하길, "말은 사라진다"고 해요. 그래서 아이들은 몇 번을 말해도 기억하지 못하나 싶습니다.

그렇다면 어떻게 해야 할까요? 바로 말이 사라지지 않도록 '말의 시각화'를 해야 합니다. 귀로 듣는 정보보다 눈으로 얻는 정보를 잘 습득하는 아이는 말이 보일 때 그 말을 잘 알아들을 수 있습니다. 조금 번거롭지만 입으로 100번 말하는 것보다 훨씬 더 효과적입니다.

자주 말하는 잔소리를 종이에 써서 그 종이를 자주 말하는 장소의 잘 보이는 위치에 붙여 놓으세요. 변기 뚜껑, 방이나 현관문, TV 화면의 구석 등에 가능하면 '○○하지 말 것!'보다는 '○○하세요'라고 써서 붙이세요. 일러스트나 사진 등을 함께 활용하면 더 눈에 띄어서 효과적

입니다. 그렇게 하면 나중엔 "이거 봐!" 하며 손가락으로 가리키기만 하면 됩니다.

잔소리가 줄어드는 말의 시각화

말을 시각화하는 방법

- 집안 규칙이나 메시지를 종이나 테이프에 적어 붙인다.
- 시판 스티커('만지지 말 것! 위험' 혹은 손 씻기 방법 등)을 활용한다.
- 학교 소식지(위생관리 등)나 팸플릿(교통 예절 등)을 벽에 붙인다.
- 공공시설, 가게의 표식, 간판, 게시물에 있는 주의사항을 가리키며 "자봐, 여기에도 써 있지?"라면서 확인한다.
- 종이에 쓰면서 대화한다(표, 차트, 일러스트, 숫자 등을 활용하면 알기 쉽다).
- 자세한 설명이 있는 책이나 만화, 도감 등을 "여기에도 적혀 있네"라며 책을 보여주면서 이야기한다.
- '규칙 북'을 만들고 아이와 함께 정한 약속을 써 놓는다.
- 부모의 '사랑의 편지'를 진심을 담아 쓴다(메일, 메시지로 보내도 좋다).

그리고 하나 더 중요한 점! 같은 알림을 오래 붙여 놓으면 아이가 익숙해져서 점점 신경을 안 쓰게 됩니다. 그럴 때는 다시 새롭게 쓰거나 위치나 색을 바꿔 변화를 주는 등 다른 방법을 시도해보는 것도 좋습니다.

BEFORE 이거 봐. 여기 뭐라고 써 있어?

AFTER 여기서는 어떻게 해야 되는 거지?

★POINT 알림이 보이지 않아도 알아차릴 수 있도록 한다

'이럴 때는 이렇게 한다', '그 장소에서는 이렇게 한다'가 점점 익숙해졌을 때는 아이가 알림 문구를 보기 전에 그곳의 규칙을 기억해 내도록 도와주세요.

예를 들어 '취식 금지'인 장소에서 주스를 마시려 하면 "여기서 음료수는 어떻게 해야 하지?"라고 말을 걸어줍니다. 그래도 알아듣지 못하면 알림 문구를 가리키면 됩니다. 점점 '말하지 않아도', '보지 않아도' 알아차릴 수 있으면 잔소리도 줄어들게 됩니다.

한편, 부모의 모든 말을 마음속에 담아 두고 있는 아이도 있습니다. 이런 아이는 중요한 정보와 불필요한 정보의 분별이 쉽지 않기 때문에 긴 설교를 들으면 마음속이 혼란스러울 수 있습니다.

이럴 때는 요점만 간단하게 한 마디로 전달하고 마지막에 "중요한 것은 이거야!"라고 집중할 수 있도록 말해주면 됩니다. 종이에 요점을 정리하여 번호를 붙여 알려주는 것도 좋습니다.

오해를 부르지 않는 말

> **말걸기 088 [기본]**
>
> **BEFORE** 그렇게 화내면 안 돼!
>
> **AFTER** 얼마나 화가 났어?
>
> **★POINT** 자신의 감정을 객관적으로 볼 수 있도록 한다

아이가 자신의 감정을 객관적으로 파악할 수 있게 되면 '셀프컨트롤', 다시 말해 자신과 능숙하게 대면하는 힘이 길러집니다. 이를 위해서는 먼저 부모나 가까운 어른이 아이의 기분에 공감해주면서 '지금 어떤 기분인지'에 집중할 수 있도록 도와야 합니다.

다만 아이는 자신의 기분이 어떤지 잘 모르거나, 현재 어휘력으로 충분히 표현하지 못해서 부모에게 말을 잘 전달하지 못할 수도 있습니다. 더욱이 울거나 화를 내고 불안하거나 혼란스러울 때는 더 힘들 수 있습니다.

이럴 때는 아이의 기분이 조금 가라앉은 다음에 "얼마나 화가 났어?"라며 화난 정도를 물어보세요. 그때 눈에 보이지 않는 '화'를 숫자, 그림, 표정이나 몸짓을 이용하여 시각화하면 아이가 자신의 언어로 말하게 됩니다. 그때 부모가 "그 정도로 화가 났었구나"라고 말해주면 아

이는 상대에게 자신의 기분이 정확하게 전달되었음을 알고 안심하게 됩니다.

기분을 보이게 하는 방법

기분의 시각화에는 '스케일링'이라는 방법이 효과적입니다. 이 방법으로 기분을 수치화해서 지금 기분이 어느 정도인지 알 수 있습니다.

사물을 사용하는 스케일링

- 온도계나 자를 사용하여 "최대로 화가 났을 때가 여기고, 보통일 때가 여기라고 한다면 지금은 어디쯤이야?"라고 묻는다.

그림을 이용한 스케일링

- 그림이 그려진 '기분 일람표'를 만들어 아이에게 보여주며 "지금 어떤 기분이야?"라고 묻는다.
- 아이에게 '지금의 기분'을 자유롭게 그리도록 하고, 그 그림을 보면서 대화한다.

가까운 곳에 적당한 물건이 없을 때의 대화 스케일링

- 손을 작게 하거나 양팔을 벌려서 "이만큼 화났어? 아니면 이~만큼?" 하며 묻는다.
- 과거 경험을 참고하여 "1학년 운동회 때 이어달리기에서 졌을 때를

10이라고 하면 지금은 어느 정도 속상해?"와 같이 이미 자신이 경험했던 기분과 비교하여 수치화한다.

기분과 표정을 일치하는 방법

만약 부모와 아이의 마음이 자꾸 엇갈리는 것 같다면 다음의 이유 때문일 수 있습니다. 첫째, 아이가 상대의 표정을 정확하게 읽어내지 못합니다. 둘째, 부모의 표정과 감정이 일치하지 않아서 파악하기 힘듭니다.

두 번째 경우가 의심된다면 먼저 자신의 기분과 표정이 일치하고 있는지 거울 앞에서 다음 사항을 체크해보기 바랍니다.

- 내가 웃고 있을 때 상대에게도 웃고 있다고 보일까요?
- 내가 화가 났다고 생각할 때 혹시 웃는 것처럼 보이지 않나요?
- 즐거울 때와 슬플 때 각 상황에 맞게 표정을 지을 수 있나요?

만약 기분과 표정이 일치하지 않을 때가 많다면 이것이 오해나 마음의 엇갈림의 계기가 될 수도 있습니다. 특히 상대의 표정에서 감정을 정확하게 읽어내지 못하는 아이에게 애매한 표정은 더욱 알기 힘들다고 느껴질 수 있지요.

거울이나 스마트폰의 셀카 모드로 체크하며 다음과 같이 표정 연습을 하면 커뮤니케이션 능력이 향상됩니다.

◦ 입을 크게 벌려서 '아·에·이·오·우'를 말한다.

◦ 입꼬리를 올렸다가 내리고, 눈꼬리나 미간에 주름을 만들고, 눈썹을 상하로 움직이고, 볼에 바람을 넣어 근육 트레이닝을 한다.

◦ 눈의 움직임을 의식하며 살포시 미소를 짓는다. 또 귀찮은 눈빛, 불쾌해서 째려보는 눈 등 자유자재로 다양한 표정이 나올 수 있도록 연습한다.

얼굴에 풍부한 표정을 담으면, 아이에게 마음이 잘 전달될 뿐 아니라 다른 어른들과 생활할 때도 표정으로 인한 오해를 부르지 않게 됩니다.

실수 대처법을 알려주는 말

> **말걸기 089 [기본]**
>
> **BEFORE** 어휴, 왜 매일 엎지르는 거야!
> --
> **AFTER** 행주로 닦으면 돼
> --
> **★POINT** 어떻게 해야 하는지 대처법을 알려준다

인간은 살아있는 한 계속 실수합니다. 정밀한 기계조차 고장이 나거나 부서질 때가 있는데 미성숙한 아이는 말할 것도 없습니다. 이미 일어난 일에 화를 내기보다는 조금이라도 빨리 거기에서 벗어나는 게 낫습니다.

예를 들어 아이가 악의 없이 물이나 국을 엎질렀다면 "행주로 닦으면 돼", "그릇을 싱크대로 가져다줄래?"라며, 아이가 대처할 수 있도록 최대한 구체적으로 말해주도록 합니다.

처음에는 부모가 함께 정리를 해주며 시범을 보여주세요. 익숙해지면 "자, 해봐!"라며 행주를 건네주는 걸로 끝낼 수 있습니다.

실수에 대해 어떻게 해야 할지 알고 있으면 아이도 침착하게 행동할 수 있고, 스스로 정리할 수 있으면 부모님도 쉽게 진정할 수 있을 겁니다. 아이가 실수와 실패에 강해지면 살면서 두려운 일이 줄어듭니다.

'실수할 때 매뉴얼'과 청소 세트

실수에 대한 대처를 부모가 매번 알려주기는 사실 쉽지 않습니다. 그래서 '실수할 때 매뉴얼'을 만들어 놓으면 편합니다. 특히 임기응변에 약한 아이, 실패에 대한 두려움이 강한 아이의 경우 매뉴얼을 활용하면 실수하더라도 안심하게 됩니다.

'실수할 때 매뉴얼' 만들기

○ '실수했을 때는 이렇게 하면 돼'라는 대처법을 쓴 카드 모음이나 리스트를 만들어 알려준다.

○ 가전제품의 설명서에 사용법이나 금지사항의 그림이 그려져 있는 페이지를 복사해서 가전제품 본체나 벽에 붙여 놓는다.

또, 물건을 이용하면 실수 예방과 회복에 도움이 됩니다. 예를 들어 물이나 국을 자주 엎는 경우라면 이런 방법을 써보세요.

○ 빗자루와 쓰레받기, 물티슈 등 청소 세트를 식탁 옆에 놓는다.

○ 미끄럼 방지 매트나 컵받침을 사용한다.

○ 국그릇이나 컵을 테이블 안쪽에 놓는다.

○ 외식할 때는 손수건을 주머니에 넣어준다.

Q ▶ 아이가 실수하는 일이 잦습니다.

'왜 이렇게 간단한 것도 하지 못할까'라는 생각이 듭니다.

A ▶ 극단적인 경우에는 DCD일 가능성도 있습니다.

흔히 있는 '서툶'이나 '둔한 운동신경'도 극단적인 경우에는 발달장애의 하나인 DCD(Developmental Coordination Disorder, 발달성협응장애)일 가능성이 있습니다.

DCD는 아직 잘 알려져 있지 않아 발견되기가 쉽지 않습니다. 학교에서는 글을 쓸 때 시간이 많이 걸리거나, 운동이나 실기 과목을 잘하지 못하는 등의 경험을 많이 합니다. 무엇보다도 본인이 '왜 간단한 것도 못 할까!'라며 자책하는 경우가 많습니다.

'해리포터' 역을 맡은 배우 다니엘 래드클리프도 자신에게 DCD가 있다는 사실을 밝히고, 학교에서 서툴렀던 경험이 배우의 길을 걷게 된 계기가 되었다고 말했습니다.

DCD는 선천적이긴 하지만 전문가의 작업치료 트레이닝을 받으면 어느 정도 개선할 수 있고, 가정에서 도구 쓰는 법을 하나씩 알려주면 할 수 있는 일이 늘어나게 됩니다. 도구를 쓰기 쉽게 고민하는 것도 불편함을 느끼지 않고 생활하는 데 많은 도움이 됩니다.

목표를 정해 끈기를 기르는 말

> **말걸기 090 [기본]**
>
> **BEFORE** 숙제, 언제까지 하고 있을 거야?
> --
> **AFTER** 여기까지 끝나면 간식 먹자
> --
> **★POINT** 목적지를 설정하여 골대가 보이도록 한다

아이에게는 어떤 일을 순서대로 쌓아가는 '뚜벅뚜벅 타입'과 한 가지 일을 다방면으로 동시에 파악하여 탐구하는 '번뜩이는 타입'이 있다고 합니다(저는 일단 손이나 몸을 움직이면서 생각하는 '실전 타입'도 있다고 생각합니다).

효율을 중시하는 번뜩이는 타입의 아이는 '왜 이런 걸 해야 할까?'라는 생각이 들면 단조롭고 간단한 숙제에 흥미를 보이지 않는 경우도 있습니다.

이럴 땐 '오늘은 여기까지 한다'라고 정한 페이지에 포스트잇을 붙이거나, '○시까지 열심히 하자'라고 시간을 정하거나, '끝나면 간식을 먹자'와 같이 목표가 보이도록 하면 좋습니다.

한편, 뚜벅뚜벅 타입의 아이는 숙제의 양이 엄청나게 느껴지면 처음부터 전의를 상실할 수도 있습니다. 이 경우에는 프린트물을 반으로 접

어서 숙제를 작게 나눠, 조금씩 전진하며 작은 목표를 달성하도록 하는 방법을 쓰면 좋습니다.

아이의 끈기를 기르는 학습 방법

'목적지의 시각화' 방법

∘ 방학 숙제나 시험 공부를 일정표로 만들거나 학교의 프린트물을 벽에 붙이고, 다 하면 체크한다.

∘ 목표한 분량의 끝 페이지에 인덱스 라벨로 보기 쉽게 표시한다.

∘ 'OO의 연구자가 되기 위해선…', '제1지망 학교에 붙기 위해서는…'과 같은 목표를 세우고 지금 해야 할 일을 구체적으로 쓴다.

과제 순서나 우선순위를 정리하는 방법

∘ 숙제나 시험 범위 등의 페이지에 우선순위별로 색을 구분하여 포스트 잇을 붙이고 끝나면 뗀다.

∘ 만들기 숙제는 '1. 아이디어를 스케치한다 2. 재료를 모은다 3. 기초를 만든다'와 같이 번호를 붙여 표로 만든다.

숙제의 허들을 낮춰서 달성하기 쉽게 하는 방법

∘ 프린트물을 반으로 접어서 책받침으로 감추고 필요한 부분만 볼 수 있게 한다. 노트에 한 문제씩 볼 수 있도록 한다.

∘ 읽고 쓰기를 힘들어하면 부모가 함께 책을 읽어주며 도와준다.

내비게이션 법칙

운전할 때 내비게이션을 보면 아이가 무언가를 마지막까지 해낼 수 있도록 돕는 말걸기가 떠오릅니다.

예를 들어 자동차를 타고 처음 가는 장소로 외출할 때, 먼저 내비게이션에 '목적지 설정'을 하시죠?

이때 목적지까지 루트가 몇 개 표시된 '전체 지도'와 주행거리, 도착 예정 시간 등이 표시됩니다. 지금부터 어디로 갈 건지, 시간이 얼마나 걸릴 건지, 한눈에 전체를 파악할 수 있어서 보기 쉽습니다.

실제로 주행을 시작하면 음성 가이드가 "500m 앞에서 우회전입니다"라고 그때마다 루트를 안내해주고, 고속도로에 들어가면 IC나 휴게소 등이 순서대로 표시됩니다.

그리고 운전으로 피곤할 때는 '다음 휴게소에서 휴식'과 같은 작은 목표나 '앞으로 0km' 등의 안내 표시를 응원 삼아 힘을 내기도 합니다. 그런데도 길을 잃거나 예정에 없던 정체를 만나면 조금 멈춰서 현재 위치를 확인하고 경로를 수정하기도 합니다.

이렇게 내비게이션을 활용하면 저와 같은 심한 길치라도 목적지에 도착합니다(내비게이션의 안내를 거역하고 다른 길을 가는 사람도 있지만요).

이 '내비게이션의 대응'을 보면 흥미 없는 것에 의지가 없거나 산만해져서 길을 잃기 쉬운 아이를 이끌어주는 데 힌트가 됩니다.

Q ▶ 우리 아이와 대화를 나눠보면 똑똑하다고 느껴지는데,
학교 수업을 들을 땐 낙서를 하거나 지우개 똥을 만들며 산만해집니다.

A ▶ 집에서 좋아하거나 잘하는 일을 마음껏 할 수 있는 환경을 만들어줍니다.

전통적인 강의형 수업은 '뚜벅뚜벅 타입'의 아이들에게는 비교적 문제가 없지만, '번뜩이는 타입'이나 '실전 타입'의 아이들에게는 흥미를 유발하기 쉽지 않습니다.

'번뜩이는 타입'의 아이는 역사 교과서에 나와 있는 순서대로 석기시대부터 공부하는 것보다 자신이 호기심을 가지고 있는 왕의 시대부터 공부하는 것이 머리에 쉽게 입력됩니다. '실전 타입'의 아이는 손을 움직일 수 있는 실험을 중심으로 한 체험형 학습이 적합합니다.

하지만 현대의 집단 교육은 잘하는 분야를 살려서 각자에게 맞는 공부를 하기에 어려움이 따릅니다. 그러므로 아이가 공부에 대한 흥미나 의욕을 잃지 않도록 가정에서 할 수 있는 일을 최대한 실천하기를 추천합니다. 예를 들어 취미 공간을 만들어 필요한 것들을 갖추거나, 배우고 싶어 하는 것을 배우게 해주세요. 집에서는 좋아하거나 잘하는 것을 할 수 있는 환경을 만들어줄 필요가 있습니다.

부모와 아이가 함께 성장하는 말

말걸기 091 [기본]

BEFORE 좀 더 자신감을 가지면 좋겠어

AFTER 이거 봐, 이렇게 잘하잖아

★POINT 잘한 증거를 보여주고 작은 성장을 느끼게 해준다

부모는 '좀 더 자신감을 가지면 좋을 텐데…'라고 생각하지만 아이는 자신이 잘하지 못하는 걸 느끼면 쉽게 자신감을 갖기 힘듭니다. 완벽주의 경향이 있는 아이는 더욱 그렇지요.

이때는 해낸 일을 모아 증거를 보여주면서 아이가 발전한 모습을 알려주면 효과를 발휘합니다. 자신의 성장을 실감할 수 있으면 성취감이 확실해져 서서히 진짜 자신감으로 발전하게 됩니다.

아이가 발전한 증거를 모으는 방법

아이의 성취를 사진이나 데이터로 남겨 놓으면 아이를 설득력 있게 이해시킬 수 있습니다. 예를 들어 이런 방법이 있습니다.

- 성취를 모은 스크랩북이나 그날 해낸 것을 쓴 한 줄 일기를 만든다.
- 학교 노트를 놓고 실물을 보여주면서 "여기 봐, 그전보다 글씨가 훨씬 예뻐졌지?" 하며 작은 발전을 느끼게 해준다.

말걸기 092 [응용]

BEFORE	그것만 해도 정말 대단한 거야
AFTER	주스 여기에 둘게
★POINT	사춘기나 완벽주의 아이에게는 무관심도 답이다

예민한 시기의 아이나 완벽주의 아이는 부모의 후한 칭찬을 '짜증난다'고 생각하기 쉽습니다. 이런 경우에는 너무 많은 관심을 보이지 말고 그저 "피곤하지 않아?"라며 건강을 챙기고 가끔 간식을 넣어주는 쪽이 더 나을 수 있습니다.

성취감을 늘리는 기본 3단계

성취감을 늘리는 단계는 이렇습니다. 1단계, 시범을 보입니다. 2단계, 함께합니다. 3단계, 점점 손을 뗍니다. 부모가 이 3단계를 반복하면 아이가 할 수 있는 일이 분명하게 늘어납니다. 그러는 동안 아이는 금세 성장하고 부모의 몸과 마음도 점점 편해집니다.

CHAPTER 5

훈육할 때
효과적인 말걸기

드디어 "안 되는 건 안 돼"를 가르치는 단계가 되었습니다.

하면 안 되는 일에 브레이크를 거는 훈육의 말은 부모와 아이 사이의 애
착이 충분히 쌓여야 효과적입니다. 그렇지 않으면 아무리 신경 써서 말
해도 아이에게 부모의 마음이 전해지지 않습니다.

만약 이 장을 실천해보고 아이에게 잘 전달되지 않는다고 느껴지면 먼저
이전 단계 또는 그 이전 단계의 말걸기를 꾸준히 해주세요.

화를 참지 못할 때 하는 말

말걸기 093 [기본]

BEFORE 야!

- -

AFTER 같이 정리하자

- -

★POINT 한계를 넘는 행동에는 화를 내도 된다

긍정적 말하기 노력을 시작했을 때 '아이에게 화내는 횟수가 줄어들지 않을까?'라고 기대하셨을 겁니다.

하지만 말처럼 쉽지 않죠? 지금부터 드디어 인내심의 한계를 넘은 '눈 뜨고 보기 힘든', 너무 지나친 행동에 대한 훈육의 말을 하나씩 배워 아이에게 브레이크를 걸 수 있도록 해봅시다.

가장 먼저 말하고 싶은 것은 부모도 한계를 넘으면 충분히 화를 낼 수 있다는 점입니다. 부처도 울고 갈 만큼 많이 참았다면 화를 내는 것은 당연한 일입니다.

'해서는 안 되는 일을 하면 엄마 아빠에게 혼난다'라는 간단한 공식을 만들어 놓는 것은 아이 스스로 브레이크를 걸기 위해서도 반드시 필요한 일입니다. 그리고 나서 함께 뒤처리나 격려를 해주는 것이 진짜 '자상한 부모'라고 생각합니다.

화낼 때의 마음가짐을 기억하자

아이를 키우다 보면 좋은 일만 있을 수 없습니다. 한창 뛰어노는 아이에게 '절대 화를 내지 않겠다'고 다짐하는 것이 더 비현실적입니다. 오히려 '최소한의 데미지로 현명하게' 화를 내기 위한 요령을 배우면 훨씬 도움될 것입니다.

마음가짐 1 : 크게 한 번 심호흡을 하기!
머리의 뚜껑이 순간 열릴 것 같으면 한숨이어도 괜찮으니 '하아~' 하고 긴 호흡을 한 후 말을 시작하길 바랍니다.

마음가짐 2 : 가능한 한 짧게!
설교는 1분 정도까지. 감정이 고조될 것 같으면 미련 없이 퇴각. 차분하게 타일러야 할 일은 일단 마음이 가라앉은 다음에 하세요.

마음가짐 3 : 가능하면 혼자 있는 곳에서!
형제나 친구들 앞에서 야단치지 마세요. 가능하면 분리된 공간으로 이동하거나 여의치 않으면 부모의 등으로 벽을 만들어 배려해주세요.

마음가짐 4 : 인격이나 존재를 부정하는 말은 절대 사용하지 말 것!
"나쁜 놈"과 같은 인격 비하나 "태어나지 말았어야 하는데", "넌 내 자식이 아니야"와 같이 존재를 부정하는 말만은 절대 하지 마세요.

마음가짐 5 : 다시 문제 삼지 않고, 질질 끌지 않기!

한 번 크게 화를 내고 나서도 좀처럼 화가 가라앉지 않을 경우, 일단 그 장소를 벗어나 기분을 바꾸도록 합시다.

Q ▶ '화내다'와 '훈육하다'의 차이를 모르겠습니다.

아이에게 화가 났을 때, 도대체 어떻게 해야 맞는지 헷갈립니다.

A ▶ 정도가 지나치면 큰 차이가 없습니다. 겉으로 보이는 표현에

주목하기보다 최종적으로 '용서'하는 방향에 주목하세요.

일반적으로 '화내다 = 감정을 분출하다', '훈육하다 = 논리적으로 타이르다'와 같은 이미지가 있습니다. 분명 무작정 부모의 화를 그대로 아이에게 분출해서는 안 되지만, 한편으로는 지나친 훈육(설교)도 아이를 몰아붙이는 행위입니다.

지나치면 두 가지 방법 모두 아이에게 상처가 되는 건 마찬가지입니다. 반대로 말하면 둘 다 과하지만 않다면 모두 사용할 수 있는 방법입니다. '절대 화내면 안 돼'라고 생각해서 부모가 자신의 감정을 너무 무리하게 억누르다 보면 아이는 괜찮을지 몰라도 부모는 정신적으로 피폐해질 수 있습니다.

가능하면 감정을 마구 분출하지 말고, 논리를 앞세워 아이를 끝까지 몰아붙이지도 말고, 아이의 이야기를 찬찬히 듣고 안 되는 이유를 침착하고 알기 쉽게 전달하는 것이 바람직합니다.

'화를 내든, 야단을 치든 그 다음에 어떤 행동을 하느냐가 가장 중요하다'라고 생각하면 조금은 마음이 가벼워지지 않을까요?

공공장소에서 제지하는 말

> **말걸기 094 [기본]**
>
> **BEFORE** 안 된다고 말했잖아~
> -
> **AFTER** (단호하게) 그.만.해!
> -
> **★POINT** 표정과 목소리 톤을 단호하게 바꾼다

　　아이가 공공장소에서 뛰어다니고 소란을 피우며 장난을 그만두지 않고 폭주할 때, '주위 사람들의 시선이 따갑다!'라는 생각이 들면 부모도 힘듭니다.

　　아이가 가만히 있지 않고 소란을 피우는 데는 다양한 이유가 있겠지만, '급브레이크'를 걸기 위해서 일단은 자신의 표정과 목소리 체크부터 해야 합니다(Step 50).

　　특히 쉽게 흥분하는 아이나 분위기를 읽지 못하는 아이는 상대 표정의 의미를 오해하기 쉽습니다. 그러니 "이건 해서는 안 되는 일이다"라며 표정, 목소리 톤, 단호한 표현을 일관되게 보여줘야 합니다.

　　부모의 브레이크가 확실하게 걸리느냐는 부모와 아이의 평상시 관계가 관건입니다. 평소 친근하게 대하던 부모가 잘못을 지적할 때 단호하게 대한다면 "그만해!"의 효과가 커집니다.

급브레이크는 한 마디면 된다

아이의 폭주에 급브레이크가 필요할 때는 아이를 멈추게 하는 일이 가장 중요하기 때문에 아주 짧게 말해야 합니다. 이때 고개를 좌우로 흔들거나 양팔로 엑스(X)를 만드는 몸짓을 함께 하면 아이가 이해하기 쉬워집니다. 확실하게 아이의 눈을 보고(가능하면 시선의 높이도 맞추고), 단호하게 "안 돼!"라고 짧게 말하는 것이 급브레이크의 포인트입니다.

몸으로 막아 멈추게 하는 방법

그래도 아이의 폭주가 멈추지 않을 땐 몸으로 막을 수밖에 없습니다.

- 흥분한 아이를 꽉 껴안아서 멈추게 한다(막무가내여서 부모를 때릴 것 같으면 뒤에서 껴안는 것이 좋다).
- 사람을 때리고 물건을 던지면, 아이의 주먹을 어른의 양손으로 감싸서 봉인하고 양 어깨를 눌러 움직이지 못하게 한다.
- 친구를 주먹으로 때리고 발로 찰 때는 어른이 사이에 들어가 친구와 분리시키거나 쿠션을 샌드백처럼 활용하여 멈추게 한다.

다만 부모가 멈추기 힘들 만큼 폭주의 빈도나 정도가 도를 넘었을 때는 가정 안에서 해결하려고만 하지 말고 병원이나 기관 또는 전문 상담사에게 가서 되도록 빨리 상담하는 게 좋습니다.

Q ▸ 아이의 반에 폭언, 폭력 등 문제행동을 하는 아이가 있습니다.

그 아이, 발달장애가 아닐까요?

A ▸ 문제행동을 한다고 다 발달장애는 아니지만, 도움이 필요한 건 사실입니다.

문제행동을 하는 아이 모두가 발달장애를 가진 것은 아닙니다. 발달장애가 있어도 차분한 아이도 많고 주위의 도움, 가정에서의 돌봄, 아이의 성장에 따라 문제행동이 없는 아이도 있습니다.

그러므로 전문의가 아니면 진짜 발달장애인지 아닌지 겉으로 드러나는 행동만으로 판단하기 힘듭니다. 또 사람들이 가지고 있는 발달장애에 대한 부정적인 이미지가 부모들이 진단이나 지원을 거부하게 하는 원인이 되기도 합니다.

그렇다 하더라도 아이의 문제행동이 실제로 내 아이에게 부정적 영향을 주면 부모로서 그냥 두고 볼 수만은 없습니다. 그리고 상대 아이도 원인이 무엇이든 현재 (어른으로부터의) 도움을 필요로 하는 것은 사실입니다.

적절한 지원기관과 연결되면 좋겠지만 상대 아이의 부모가 거부하지 않고 수용하리란 보장은 없습니다. 이럴 때는 교사에게 구체적인 사실을 알려 학교 및 관련인과 연계해서 대처해야 합니다.

위험한 행동을 멈추는 말

어린아이나 산만한 아이는 무슨 일을 하든 위험해 보여서 부모가 한순간도 안심할 수 없습니다. '해야 할 행동을 알려주는 말'(Step 36)은 이런 상황에서도 유용하게 쓰입니다.

"위험해!"라고 말해서는 아이가 그 상황에서 어떻게 해야 할지 판단하기 힘들기 때문에 "멈춰!", "스톱!", "기다려!"와 같이 '해야 하는 행동'을 강하고 짧게 말해야 합니다.

이런 말은 순간적으로 나오기 힘들어서 평상시 연습을 해놓는 게 좋습니다. 다만, 도로로 뛰어드는 행동과 같이 생명과 관련될 때는 말로만 해서는 늦을 수도 있으므로, 아이 자신의 절제력이 확실히 생기기 전까지는 부모가 '손을 놓지 않는다', '눈을 떼지 않는다'라는 원칙을 분명하게 지켜야 합니다.

또한 양손을 좌우로 흔들기, 팔을 활짝 펼치기처럼 손짓이나 몸짓으로 시각적인 정보를 같이 주면 보다 쉽고 확실하게 하고 싶은 말을 전할 수 있습니다.

말걸기 096 [기본]

BEFORE 뛰지 마!

AFTER 앞을 봐!

★POINT '구체적으로' 시선을 유도하고 주위를 살피게 한다

호기심이 왕성해서 가만있지 않는 아이는 여러 물건에 시선을 주며 눈을 반짝이거나, 강하게 흥미를 끄는 대상 하나에 꽂혀 그 앞에서 움직이지 않습니다. 또 판타지를 좋아하는 아이는 머릿속에 자기만의 세상이 있어 주의를 기울여 주변을 제대로 보지 않기도 합니다.

이런 경우는 안 된다는 말로 주의를 주기보다는 '구체적으로' 시선을 유도하여 주위를 환기해주면 효과적입니다. "앞을 봐!", "신호 봐!"라고 주의를 기울여야 할 방향이나 대상을 알려줘서 아이가 인지하도록 하세요.

사람이 많은 곳에서 여기저기에 시선을 둘 때는 "아빠 등을 보고 걷자", "빨간 모자를 쓴 사람 뒤에 줄을 서자", "저기 편의점 간판이 있는 사거리까지 쭉 가는 거야"와 같이 목표나 표식이 되는 것을 설정하여 시선을 끌 수 있도록 합니다. 자주 엄마 아빠 손을 놓치는 아이에게는

만약 미아가 되면 어떻게 행동해야 하는지 사전에 확인하는 것도 잊지 마세요.

집 안에서 혹은 외출 시 위험 예방법

아이는 예측 불가능한 일을 저지르는 존재입니다. 또 사건 사고나 범죄에 휘말릴 위험성도 모든 아이에게 있습니다. '절대 괜찮은 일'은 이 세상에 없지만, 안전을 도와주는 제품 등을 활용하여 리스크를 최소화하는 것도 하나의 방법입니다.

- 아이를 위한 안전용품을 활용한다(모서리 보호대, 유리 비산방지 필름, 어린이 잠금장치, 주차장 미러 설치 등).
- 움직임이 많은 아이는 줄 달린 가방이나 안전벨트를 활용한다.
- GPS 기능이 있는 어린이용 스마트 워치를 활용한다(위치정보 검색 등).
- 등교 시 이웃들에게 인사하도록 시켜 동선이 체크되게 한다.

육 아 의 법 칙

운전면허학원 강사의 법칙

아이의 안전이 걱정될 때는, 운전을 하는 분이라면 운전면허학원의 경험을 떠올려보세요. 아이는 '나'라는 자동차를 운전하는 운전학원 수강생과 같은 존재입니다. 운전 강사가 "오른쪽 보고, 왼쪽 보고", "커브를 돌 때는 속도를 늦추고"라고 말하는 것처럼 부모가 운전 방법을 알려주고, 위험할 때는 부모가 즉시 브레이크를 밟는 대응을 해야 합니다.

아이에게 부모가 주의를 기울이는 포인트를 먼저 알려주고, 그래도 속도를 늦추지 않거나 위험한 행위를 하면 잡고 있는 손에 힘을 꽉 줘서 브레이크를 걸어야 합니다. '면허 취득'까지 조금 시간이 걸리는 아이도 있을 수 있지만, 본인의 기술을 익히면 아이는 혼자서도 자신을 운전할 수 있게 됩니다.

Q ▶ 아이가 ADHD 진단을 받았습니다. 하지만 왜 이렇게 위험한 행동만 하는지 조용한 성격인 저는 이해가 되지 않습니다.

A ▶ ADHD가 있는 아이는 'F1 자동차', '제트기'입니다!

지금까지 아이가 무사하게 커온 것만으로도 엄마 아빠가 얼마나 많은 노력을 했는지 알 수 있을 것 같습니다. 탈것으로 예를 들면, 소위 보통의 아이가 자동차라면, ADHD가 있는 아이는 F1 자동차나 제트기라고 할 수 있습니다. 그러므로 과속하기 쉽고, 고속주행 중에는 시야가 좁아져서 핸들 조작이나 브레이크를 밟기가 굉장히 어렵습니다.

에너지가 넘치는 아이는 그 압도적인 파워에 맞는 브레이크 시스템을 갖추기까지 상당한 시간과 노력이 필요합니다. 하지만 F1 자동차에는 정비 팀원, 제트기에는 부조종사가 있습니다. 주변 사람들이 그때마다 말을 걸어주거나 제어하는 보조를 하면서 아이의 브레이크 시스템을 만들어주면 차츰 안전하게 운전할 수 있게 됩니다.

과도한 엔진이 있다는 것은 '행동력, 결단력, 실행력이 있다'는 훌륭한 장점이 되기도 합니다. 부모의 걱정은 떨쳐버릴 수 없겠지만 넘치는 에너지를 스스로 제어할 수 있으면 모두가 의지하는 리더가 될 수도 있습니다.

큰일이 나기 전 자제시키는 말

말걸기 097 [기본]

BEFORE 적당히 해라, 좀!

- -

AFTER 그만하자 → 다음에는 화낼 거야 → 이제, 아웃

- -

★POINT 사전 경고를 하면서 단계적으로 브레이크를 밟는다

긴급 시 제지하는 '급브레이크'의 다음은 '일반 브레이크'를 능숙하게 거는 단계입니다. 예를 들어 운전할 때, 신호 전부터 서서히 브레이크를 걸어 정지선에 멈출 수 있도록 의식하는 것이죠.

아이에게 브레이크를 걸 때도 같습니다. 특히 남자아이라는 동물은 어디 한 곳에 정신이 팔리거나 흥분하면 자기도 모르게 폭주해서 소란을 피우고, 장난이나 놀림이 도를 넘는 등 앞뒤 분간을 못하고 행동할 때가 많습니다.

하지만 부모가 '아웃'을 외치기 직전 단계에서 "그 정도만 해!", "다음엔 화낼 거야"라고 서서히 경고를 주는 단계적 브레이크를 걸면 정지선에서 부드럽게 멈출 수 있습니다. 이때, 맨 처음 경고는 목소리의 톤과 표정을 조금 바꿔서 진지하게, 눈을 맞추며 말하는 것이 포인트입니다.

최소한의 규칙은 교통 법규와 같다

아이가 가능하면 자유롭고 구김살 없이 클 수 있도록 하고 싶지만, 뭐든지 한계가 있는 건 어쩔 수 없습니다. 석기시대처럼 자유롭게 대지를 뛰어다니다가는 현대에서 살아남을 수 없습니다.

현대 사회에서 살아남기 위해서는 최소한의 규칙 정도는 익혀야 합니다. 살아가는 데 필요한 규칙은 '교통 법규'를 떠올리면 이해하기 쉽습니다.

교통 법규는 문화 차이가 있는 세계 각국에서도 빨간 신호, 횡단보도, 정지선, 자동차의 속도 제한 등 비슷한 규칙이 많습니다. 일정 부분 공통된 규칙이 없으면 생명이 위험하기 때문입니다.

마찬가지로 최소한의 규칙만큼은 부모나 주위 어른들이 아이가 익숙해질 때까지 인내심을 가지고 알려줘야 합니다. 그렇지 않으면 '사고'가 늘어나고, 훗날 직장생활이나 자립이 힘들어져서 아이는 힘든 인생을 살 수밖에 없습니다.

사회에서는 행동을 절제할 때가 있다는 점을 이해시키고, 최소한의 규칙을 지키는 것 자체를 아이가 받아들일 수 있게 해야 합니다.

규칙을 지키게 하는 것은 그 아이의 자유를 빼앗는 일이 아닙니다. 교통 법규와 같이 최소한의 규칙은 서로의 안전을 위해 필요한 것이며, '규칙을 지키면 좋은 점이 있다'는 공식을 반복해서 알려주세요. 자신의 행동을 조절할 수 있으면 어딜 가서도 무리 없이 살아갈 수 있습니다.

말걸기 098 [응용]

BEFORE 너무 심하잖아!

AFTER 엄마 점점 화가 날 것 같아

★POINT 인내심이 끊어지기 전에 감정의 변화를 말로 전한다

상대의 표정이나 주위 상황을 쉽게 알아차리지 못하는 아이는 신이 나서 같은 일을 반복하거나(한 번 먹힌 장난을 계속해서 반복하는 등), 상대방 감정의 미묘한 변화를 눈치 채지 못합니다.

그래서 참다 못한 상대가 화를 내면 아이 입장에서는 '이유도 없이 갑자기 상대가 화를 냈다', '갑자기 울음을 터트렸다'라고 생각하게 됩니다. 이때 부모가 감정을 중계하듯이, 불쾌함을 말로 분명하게 전달하여 '사람의 감정은 그때그때 변하는 것'이라는 사실을 이해시킬 수 있어야 합니다.

또, "여기 봐, ○○이는 이제 웃지 않아"라고 상대의 표정을 캐치할 수 있도록 도와주는 것도 방법입니다. 다른 사람의 표정만 신경 쓰며 살 필요는 없지만, 장난도 적당히 그만둘 때가 있다는 사실을 느끼게 해주는 것은 중요합니다.

신호등과 마찬가지로 아이를 키우는 데에도 '빨간 신호와 파란 신호에는 중간이 있다'는 사실을 의식할 수 있어야 합니다. 어른이 주의 깊게 노란 신호를 관찰하여 빨간 신호로 바뀌기 전에 경고를 주고 단계적으로 브레이크를 걸면 큰 사고가 일어나지 않습니다.

규칙을 따르게 하는 말

말걸기 099 [기본]

BEFORE 안 돼!

AFTER 여기까지는 괜찮지만, 여기서부터는 안 돼

★POINT "안 돼"로 끝내지 말고 허용 범위의 선을 그어준다

아이의 인생 경험치가 쌓여서 상황을 판단할 수 있기까지는 어느 정도 시간이 걸립니다. 그때까지는 부모가 멈추게 해줄 필요가 있습니다. 다만, 언제나 "안 돼!"라는 한 마디로 끝내 버리면 '해도 되는 상황'에서도 스스로 행동하지 않을 수도 있습니다. 또 지적 횟수가 도를 넘으면 아이가 반항적으로 변하고 무기력해질 가능성도 있습니다.

이럴 때는 "여기까지는 괜찮지만, 여기서부터는 안 돼"라고 아이에게 기준이 되는 허용 범위를 말로 알려주어야 합니다.

예를 들어 집에서 형제끼리 공 던지기를 시작하면 물건이나 사람을 맞힐까 걱정이 됩니다. 이때는 "공원에서는 괜찮지만, 집 안에서는 안 돼"라거나 "아빠가 주무시고 계시는 방 근처에서는 안 되지만, 너희 방에서 조용히 하면 괜찮아"와 같이 말하면 됩니다. 그 장소의 상황이나 사정을 고려하여 허용 범위를 알려주고 안 되는 선을 명확하게 그어주면 아이도 납득하기 쉬워집니다.

'우리 집 규칙'은 대화를 통해 결정한다

예를 들어 게임 시간이나 친구가 집에 놀러 왔을 때의 '우리 집 규칙'을 결정해 두면 불필요한 다툼이 줄어듭니다. 이때 중요한 것은 아이와 충분히 대화해서 '서로 납득이 가는 선'을 찾는 겁니다.

부모가 일방적으로 만든 규칙을 강요하면 아이는 불만이 쌓여 '엄마, 아빠에게 들키지 않으면 된다'라고 생각해서 몰래 하게 되고, 규칙이 아무 소용없게 됩니다.

예를 들어 아래와 같이 아이의 의견을 수용해서 규칙을 결정하면, 아이 자신이 동의한 규칙이므로 비교적 잘 지키게 됩니다.

규칙을 결정하는 방법

"엄마는 게임은 하루 1시간 정도 했으면 하는데 넌 어때?", "안 돼! 완전 부족해!", "자, 그럼…" 이렇게 서로의 의견이 일치될 때까지 대화한다. 또 "지키지 않았을 경우 어떻게 할 거야?"라고 물어 사전에 규칙을 정한다.

규칙의 발표와 실행

결정된 규칙은 종이에 써서 붙이거나 '규칙 북'을 만들어 항상 참고할 수 있도록 한다. 또 게임은 컴퓨터나 게임기 설정을 통해 사용 시간을 물리적으로 제한하는 것도 방법이다.

규칙을 수정해야 할 때

만약 아이가 계속해서 규칙을 지키지 못할 때는 처음부터 실행하기 쉽지 않았던 것이므로, 다시 한번 대화를 통해 실행 가능한 규칙으로 수정한다.

말걸기 100 [응용]

BEFORE 분위기 파악 좀 해!

AFTER 지금은 ○○할 때야 / 여기는 ○○하는 곳이야

★POINT '때와 장소에 맞게' 행동하는 법을 알려준다

주변 상황이 눈에 잘 들어오지 않는 아이는 '때와 장소에 맞는' 상황이나 타이밍을 잘 알지 못합니다. 또 지금까지의 경험에서 잘못된 정보를 통해 배운 경우도 있습니다.

예를 들어 할아버지 집에서 "마음껏 뛰어다녀도 괜찮아"라는 말을 듣고, 도서관에서 똑같이 여기저기 뛰어다니는 아이가 있다고 해보죠. 이런 아이에게는 말 그대로 '해도 될 때와 해서는 안 될 때가 있다'는 경험을 조금씩 쌓을 수 있도록 해주어야 합니다.

알려주지 않으면 알 수 없는 것이 의외로 많습니다. "지금은 조용히

해야 할 때야" 혹은 "집에서는 괜찮지만 도서관은 조용히 책을 읽는 장소라서 안 돼"라고 말해줘야 합니다. '지금은 ○○하는 때', '여기는 ○○하는 장소'라며 행동 방법을 알려주는 것이죠.

아이가 어느 정도 적절한 행동 경험치를 쌓았으면 "지금은 어떻게 해야 하는 때?", "여기는 어떻게 해야 하는 곳?"이라고 아이에게 물어보면 좋습니다. 그리고 때와 장소에 맞는 적절한 행동을 했을 때 어깨를 가볍게 두드려주거나 눈을 마주쳐 웃어주세요.

나쁜 행동이 줄어들게 되는 말

> **말걸기 101 [기본]**
>
> **BEFORE** ▶ 나쁜 놈!
>
> --
>
> **AFTER** ▶ 때리는 것만은 안 돼
>
> --
>
> **★POINT** 인격을 비난하지 말고 '부적절한 행동'만을 지적하자

　　말보다 먼저 손이 나가는 아이의 육아는 부모로서 대단히 힘든 일입니다. 몇 번이고 주의를 주었는데도 전혀 달라지지 않으면 지칩니다.

　　우선 사람을 때리는 행위는 부모가 단호하게 주의를 줄 필요가 있지만, 그 상황에서 '나쁜 놈'과 같이 인격을 비난하는 표현은 피해야 합니다. '인격'이 아니라 "○○하는 것은 안 돼"라고 '부적절한 행동'만을 지적하여 행동에 선을 그어야 합니다. 말만으로 멈추지 않는다면 손으로 아이의 주먹을 직접 감싸거나 뒤에서 껴안아서 상대로부터 떨어지도록 해야 합니다. 그리고 최종적으로 멈추었다면 "멈춰줘서 고마워"라고 말하는 것도 아주 중요합니다.

　　한 번이나 두 번 말해서는 어려울 수 있겠지만, 이런 경우에는 부모가 인내심을 가지고 계속 시도할 수밖에 없습니다.

사람을 때리는 부적절한 행동을 멈추고 진정이 되면, 아이의 입장을 충분히 들어주세요. 그다음 "그럴 때는 어떻게 말하는 게 좋았을까?", "(상대에게) ○○할 때는 어떻게 해야 한다고 생각해?"라며 상황에 맞는 적절한 말이나 행동을 떠올릴 수 있도록 해주세요.

이때, 아이 내면에 '적절한 말과 행동'이 아직 지식이나 경험으로 저장되어 있지 않으면 답이 나오지 않습니다. 이런 경우에는 "그럴 땐 ~라고 말하면 돼", "다음에 같은 일이 생기면 그땐 ~하도록 하자"라며 적절한 말이나 행동을 깨달을 수 있도록 도와주세요.

"말보다 손이 먼저 나간다"는 말 그대로 아이의 문제행동은 필요한 말을 제때 못 해서 발생하는 게 대부분입니다. 다음 장에서 자세히 설명하겠지만, 먼저 평소 아이와의 대화 시간을 늘리고, 독서나 공부를 통해 어휘 능력을 키우는 것이 해결책입니다.

이렇게 아이에게 적절한 표현을 필요할 때마다 알려주면 때리는 것 외에도 자신의 의사를 전달할 수 있는 방법이 있다는 걸 알게 됩니다.

손의 힘과 거리 감각을 잡기 위한 방법

한편 친구를 때릴 때 본인은 살살 친다고 생각했지만 친구에게는 큰 힘이 가는 경우도 있습니다. 또 친구와의 관계가 본인이 생각한 것보다 친밀하지 않다면 친구가 '아프다'라고 생각할 수도 있습니다. 그러나 기본적으로는 힘 조절이나 거리 감각이 약한 것이 원인입니다.

이런 경우 말보다 실제 행동으로 체감시켜 손의 힘이나 멈춤, 적절한 거리감을 잡을 수 있도록 하는 것도 하나의 방법입니다.

손의 힘 조절 연습

쿠션을 들고 "힘껏 쳐 봐", "세게", "약하게"를 주문하며 아이에게 펀치나 발차기를 시킨다. 이때 "아파! 이건 너무 세", "이건 친구랑 장난칠 때 세기 정도야"라고 힘 조절에 대한 피드백을 한다.

멈추는 연습

함께 뿅망치 게임을 하면서 "다음은 뿅 소리가 나기 1초 전에 멈추는 거야"라고 주문하여 '멈추기 감각'을 익히도록 한다.

적절한 거리감을 잡는 연습

아이와 어깨동무를 하고 "이건 가족의 거리", 손을 잡고 조금 떨어져 서서 "이건 친구 ○○이와의 거리", 서로 팔을 벌려 거리를 두고 "이건 반 친구들과 이야기할 때 거리", 몇 걸음 떨어져 서서 "이건 이웃집 ○○이 모에게 인사할 때 거리"라며 실제 관계에 맞는 거리감을 알려준다.

나쁜 말이 줄어들게 되는 말

> **말걸기 103 [기본]**
>
> **BEFORE** 하? 지금 뭐라고 했어?
> --
> **AFTER** '죽어'는 안 돼
> --
> **★POINT** 부적절한 말에 선을 긋고, 다른 표현을 알려준다

손이 아니라 말이 험한 아이도 있습니다. "죽어", "바보", "짜증나", "기분 더러워", "꺼져", "부숴 버린다" 등의 말을 하면 부모는 깜짝 놀라지요. 이런 경우도 관계의 소통에 문제가 있을 때 생깁니다. 상대에 대한 불쾌감을 표현하는 데 있어 짧고 날카로운 말밖에는 생각나지 않기 때문입니다.

이때 먼저 "'죽어'는 안 돼"라고 부적절한 말을 지적하여 선을 그어줘야 합니다. 다만, 나쁜 말에 대한 지적뿐만 아니라 대신할 만한 표현도 함께 알려줘야 합니다. "죽어!"라고 말하고 싶을 땐 그 아이만의 이유가 있습니다. 아이 본인의 사정이나 기분을 제대로 들은 후에 "그럴 때는 '○○'라고 하면 되는 거야"라고 그 상황에 적절한 표현을 알려주거나 "그럴 때는 어떻게 말하는 게 좋을까?"라고 질문해서 적절한 표현을 찾게 하는 것이 좋은 방법입니다.

'다른 사람에게 말해서는 안 되는 말'을 정리한다

한 번쯤 부모와 아이가 함께 '다른 사람에게 해서는 안 되는 말'을 리스트로 만들어 보면 좋습니다.

특히 보이는 대로, 생각나는 대로 말하는 직설적인 아이에게는 눈에 보이도록 알기 쉽게 알려줄 필요가 있습니다.

❶ 먼저 "네가 들으면 싫은 말은 어떤 말이야?", "엄마는 이런 말이 좋지 않다고 생각하는데…"라고 물으며 아이와 함께 메모나 포스트잇에 신경 쓰이는 말을 써본다.

❷ 위의 말들을 보며 아래와 같이 분류하여 "이건 몸의 특징에 대한 말이네. 이런 비슷한 말이 또 뭐가 있을까?"라며 대체할 수 있는 말을 모아 표를 만든다.

상대의 존재를 부정하거나 생명을 위협하는 말	ⓔ '죽어', '꺼져', '부숴 버린다', '때린다'
상대의 태생이나 가정환경을 비하하는 말	ⓔ 'OO 주제에' (성별, 장애, 인종, 경제력 등)
몸의 특징을 놀리는 말 혹은 성적인 말	ⓔ '꼬맹이', '뚱땡이', '못난이', '가슴 큰 애'

이때 다른 사람에게 해서는 안 되는 말을 알려주는 것도 중요하지만, 아이에게도 당연히 아이들끼리의 관계 속에서 불만이나 불쾌한 일이 있을 겁니다.

스트레스가 가득 차 있을 때는 어느 정도 험담이나 불평불만을 해도 된다고 생각합니다. "생각나는 대로 얘기해도 돼", "집에 와서는 말해도 돼", "일기로 써볼까?"라며 '해도 되는 말'을 알려주는 것도 중요합니다.

말걸기 104 [응용]

BEFORE 어디서 버릇없이 말하는 거야!

- -

AFTER 지금 말투는 사람들이 안 좋아해

- -

★POINT '자연스럽게 배우기'가 어려운 아이에게는 솔직하게!

다른 사람에게 해서는 안 될 말이 '한 번에 아웃'이라고 한다면 말투나 태도, 그 상황의 이야기 흐름, 상대와의 관계성, 횟수 등으로 '누적 아웃'이 되는 경우도 있습니다.

많은 경우 아이들은 친구들끼리의 관계 속에서 (서로 약간의 불편함을 느끼며) 상대의 미세한 허용 범위를 느끼고 '이 이상은 안 돼', '이 사람에게 말하면 안 되겠구나'라고 생각하며 분위기를 파악하게 됩니다.

하지만 자연스럽게 배우기 힘들어하는 아이나 실수해야만 알아차리는 아이는 자신이 평상시 '옐로카드'를 받고 있다는 사실을 모르고 있다가 작은 실수로 다른 이들의 눈에 띄는 경우도 있습니다.

가정에서는 "지금 말한 것은 다른 사람에게 실례가 되는 말이야", "그 말을 하면 한 번은 참을 수 있는데 두 번째는 참을 수 없어", "다른 사람이 그렇게 말했으면 괜찮겠지만, 내 아이에게 그런 말을 들으면 슬플 것 같아"라고 솔직하게 이야기하도록 합시다.

말에는 생명력이 있어서, 남을 살릴 수도 혹은 다치게 할 수도 있다는 사실을 그때마다 알려주는 것이 좋습니다.

Step 61

문제행동의 패턴을 깨는 말

말걸기 105 [기본]

BEFORE ▶ 이제 그만 좀 해!

- -

AFTER ▶ 진정됐지?

- -

★POINT 포기 상태가 되는 '전'과 '후'에 주목한다

마트의 과자 코너 앞에서 아이가 바닥에 드러누워 울며불며 난리를 친다면, 주위의 따가운 시선 때문에 어찌할 바를 모르고 울고 싶은 마음마저 듭니다.

이럴 때는 먼저 크게 심호흡을 합시다. 그리고 포기! 사실 아이가 울고 불며 난리를 칠 때는 그 장소에서 부모가 할 수 있는 것이 거의 없습니다. 부모가 무언가 할 수 있는 때는 아이가 울며 드러눕기 '전'과 '후'입니다.

'전'에 할 수 있는 일은 애초에 그런 상황이 되지 않도록 하는 겁니다. 그리고 '후'에 할 수 있는 일은 결과를 바꾸는 것입니다. 아이에게 져서 과자를 사주거나 더욱 화내기 이외의 결과를 만드는 거지요. 아이가 울고 난리를 친다면, 먼저 울음부터 그치게 하고 "진정됐지?"라며 달래보세요. 그리고 다음 내용을 함께 보도록 하지요.

문제행동의 '정해진 패턴'을 깨는 방법

여기서는 마트의 예로 설명하지만, 어린아이에서 조금 큰 아이까지 아이를 키울 때 발생하는 '포기'나 '마음대로 안 되는 상황'은 얼마든지 있을 수 있습니다. 그중 대부분의 상황을 이 방법으로 해결할 수 있으니 반드시 마스터하도록 해보죠.

먼저 아이의 행동 패턴을 A=계기, B=행동, C=결과로 나눕니다(행동분석학 전문용어로 'ABC분석'이라고도 합니다). 중요한 점은 '제멋대로 고집부리기', '생떼 쓰기'와 같이 구체적인 행동을 가지고 분석하는 것입니다. 그러면 마트의 예를 가져와 행동 패턴을 A·B·C로 나누어볼까요?

A **계기** 마트에 가서 과자 코너 앞을 지난다.
B **행동** 아이가 바닥에 드러누워 "사줘"라며 운다.
C **결과** 부모가 "어쩔 수 없네"라고 말하며 과자를 사준다.

이렇게 되면 아이는 '울면서 소란을 피우면 과자를 사준다'라는 오해를 하게 됩니다. C의 결과가 B 행동의 '보상'이 된 것입니다.

정해진 패턴을 깨기 위해서는 A의 계기를 처음부터 만들지 않거나 C의 결과를 바꾸면 됩니다. 한참 떼를 쓰며 난리를 치고 있을 때 할 수 있는 일보다는 그 '전후'에 무언가 할 수 있는 일이 더 많습니다.

어떤 상황이어도 괜찮으니 여러 가지 실험을 하면 나와 내 아이에게 딱 맞는 방법을 반드시 찾을 수 있습니다. 그 시행착오 과정 자체가 육아 그 자체라고 생각합니다.

문제행동의 계기를 만들지 않는 방법

그렇다면 마트의 예에서 A의 계기를 만들지 않기 위해 어떤 방법을 활용할 수 있을까요? 예를 들어 이런 방법이 있습니다.

◦ 택배를 이용해 애초에 아이를 데리고 마트에 갈 일을 만들지 않는다.
◦ 과자 코너 앞을 지나지 않는 경로를 선택한다.
◦ 과자 종류가 많지 않은 가게에서 산다.
◦ 공복 때를 피하고, 사전에 밥이나 간식을 먹은 후에 간다.
◦ 마트에 사람이 많은 시간이나 아이가 피곤한 시간대를 피한다.
◦ '절대 사지 않는다'가 아니라 마트 주차장에서 "○원(○개)까지는 사줄게"라고 사전에 약속하고, 아이가 충분히 이해하면 마트로 들어간다.

이와 같이 바닥에 드러눕기 전이라면 부모가 대처할 수 있는 방법이 꽤 있습니다. 마트 이야기뿐만 아니라 아이를 키우면서 발생할 수 있는 곤란한 상황의 80%는 '평상시 부모와 아이의 관계, 사전 노력, 말걸기'로 예방하거나 줄일 수 있습니다.

그러므로 포기 상태가 되기 전에 '내가 할 수 있는 것은 무엇일까?'라며 스스로에게 질문을 던지는 습관을 들여보세요.

말걸기 106 [응용]

BEFORE ▶ 어쩔 수 없네…

AFTER ▶ 말로 설명하면 사줄게

★POINT '조건 붙이기'로 협상하고, 해내면 칭찬한다

그렇다면 다음은 '결과'를 바꾸는 것에 대해 이야기 해봅시다. 아이의 떼쓰기에 져서 물건을 사주면 왠지 기분이 개운하지 않습니다. 저는 마지막까지 버틸 힘도 없고 빨리 집으로 돌아가고 싶기 때문에 절대 사줄 생각이 없을 때는 아이를 아예 데리고 가지 않습니다. 다만 동행했을 때는 어느 정도 돈을 쓸 각오를 하고 "주스를 제자리에 갖다 놓으면 과자는 한 개 사줄 수 있어"라고 울기 전에 타협점을 찾아 소모전을 피하도록 노력합니다. 다시 말해 '조건 붙이기' 협상을 하는 것이죠. 이 방법은 이미 울고 있을 때도 통합니다.

아이가 조금 안정된 다음에 "말로 하면 사줄게", "○○은 참을 수 있어?"라고 조건을 제시하거나, 조금이라도 참거나 타협을 해주면 "말로 해줘서 고마워", "참아냈네"라며 칭찬을 해줍니다. 만약 아이가 울었다면 이 방법으로 빨리 울음을 그치고 안정을 찾을 수 있습니다. 다만, 울음을 그치지 않거나 이것저것 다 가지고 싶다고 떼를 쓸 경우는 아이에게 다른 욕구가 있을 수 있습니다.

고집을 누그러뜨리는 말

말걸기 107 [기본]

BEFORE	네 맘대로 말하지 마!
AFTER	왜 그렇게 생각해?
★POINT	아이의 집착은 '풍부한 감수성'의 다른 표현

아이는 감수성이 풍부한 동물입니다. 어른이 '왜 그런 시시한 것을 좋아할까?', '그런 건 아무래도 상관없잖아'라고 생각하는 것을 집요하게 주장하고 집착하기도 합니다.

오감이 민감한 아이는 필요한 정보와 필요하지 않은 정보를 구분하기 힘들고, 어른보다 선명한 색이나 형태, 소리, 냄새 등을 쉽게 캐치하여 강하게 흥미를 보이거나 불안을 느낍니다. 그래서 특정한 것에 집중해 '이게 아니면 싫어!' 상태가 되지요.

부모 입장에서 보면 허용할 수 있는 일, 허용할 수 없는 일이 따로 있지만, 이럴 때는 먼저 아이의 집착을 '떼를 쓰는 행동'이 아니라 '풍부한 감수성'의 다른 표현이라고 생각해보세요. 그리고 "왜 그렇게 생각해?", "어떤 점이 좋아?"라며 아이의 세계에 귀를 기울여보세요.

적절한 대응을 위한 '집착 매트릭스' 분류

아이의 집착을 '떼쓰기'라는 일괄적인 시각으로 보지 말고, '분명하게 대응할 수 있는 집착', '타협이나 생각에 따라 해결할 수 있는 집착', '성장에 도움이 되는 집착' 등으로 구분하여 각각에 맞게 대응하는 것이 필요합니다.

그러기 위해서는 부모가 '떼쓰기'로 느낄 수 있는 행동을 다음의 '집착 매트릭스'로 분류하여 냉정하고 객관적으로 바라봐야 합니다.

집착 매트릭스 분류

1. 확실하게 케어한다
   → 내 아이에게 나쁜 마음은 없다고 생각하더라도 결과적으로 다른 사람에게 큰 피해가 되거나 일상생활에 지장을 주는 집착

2. 확실하게 대응한다
   → 어른이 생각하는 '올바른 것', '상식'이라는 시각에서 볼 때, 객관적으로도 다른 사람에게 큰 피해가 되는 집착

3. 부모가 관점을 바꾼다
   → 어른이 생각하는 '올바른 것', '상식'이라는 시각으로 볼 때, 잘 생각해보면 아무에게도 피해를 주지 않는 집착

4. 성장을 위해 돕는다
   → 누구에게도 피해를 주지 않고 부모도 신경이 쓰이지 않는 집착

불안에서 오는 집착을 누그러뜨리는 방법

집착 매트릭스의 첫 번째 집착(확실하게 케어한다)은 '본인의 일상생활에 부정적 영향을 주지 않고 앞으로 사회에 나가서 적응할 수 있는지'를 판단하는 중요한 포인트가 되기 때문에 부모가 신경 써야 할 부분입니다. 예를 들어 다음과 같은 경우가 있겠습니다.

○ 길을 걷는 중 지나가지 못하는 길이 있어서 멈춘다.
○ 초등학교 교실에서 울면서 뛰쳐나간다.
○ 학교 안의 특정 장소를 들어가지 못한다.

이런 경우, 그 원인에는 아이가 감각적으로 강한 공포를 느끼는 정보(소리, 색, 형태, 사람, 물건, 과거 경험)가 있을 가능성이 높습니다.

이 경우 화를 내거나 강요해서 될 문제가 아닙니다. 이럴 때는 "그 장소의 뭐가 신경이 쓰여?"라고 아이 본인에게 진지하게 물어서 원인을 찾아, "그렇구나, ○○ 소리가 무서운 거구나", "그렇구나, ○○이 걱정되는구나"라고, 먼저 아이의 기분에 공감해줘야 합니다.

다음으로 아이를 안심시키는 일이 우선이니 일단 공포나 불안감을 느끼는 대상을 피할 수 있도록 하고 안정이 될 때까지 돌봐야 합니다.

그다음에는 앞에서 말한 '정해진 패턴 깨기'를 응용하여 귀마개나 이어폰을 활용하는 등 아이의 불안을 줄이는 노력을 해야 합니다. 그리고 아이의 상태를 보면서 조금씩 불안한 대상에 접촉할 수 있도록 하여 극복하게 돕는 것이 중요합니다.

A ▶ 이야기를 들어주면서 천천히 극복하도록 합니다.

어떤 아이든 불안이나 공포를 강하게 느낀 경험을 한 후에는 마음이 불안해져서 집착이 강해집니다. '등굣길에 큰 개가 짖어대며 위협했다'와 같이 흔히 있을 수 있는 경험이라도 그 아이에게 있어서는 대단히 큰 공포였을 겁니다.

이 경우 먼저 아이의 이야기를 부정하지 않고 "그렇구나, 그 길이 무섭구나"라며 들어주고, 시간을 들여 구체적으로 원인을 찾아야 합니다. 그리고 원인을 알았으면 당분간 다른 길로 등교할 수 있도록 새로운 길을 찾아서 일단 아이를 안심시켜야 합니다.

그리고 아이가 안정이 되면 부모가 함께 걸으며, 무리하지 않는 범위에서 그 장소가 서서히 익숙해질 수 있도록 합니다. 이때 부모가 함께 걷는 시간을 점점 줄이거나 불안한 장소만 함께해서 조금씩 혼자서 할 수 있도록 해주어야 합니다.

다만, 집착이 너무 심해서 본인이나 주변 사람들의 일상생활에 지장을 줄 경우나 극단적인 생각을 할 것 같은 느낌이 들 때는, 최대한 빨리 소아정신과를 찾아 진료를 받아야 합니다.

인내력에 상을 주는 말

다음은 앞에서 살펴본 집착 매트릭스 두 번째에 대한 대응입니다. '인간으로서 최소한의 매너'나 국가나 지역, 학교 등의 '소속된 커뮤니티의 규칙'을 지키지 않으면 사람들에게 큰 피해를 준다는 사실은 아이가 몸에 배일 때까지 부모나 어른들이 알려줘야 합니다.

부모가 죽은 후에도 그 아이가 사회에 적응하며 살아가기 위해서는 인내하며 규칙을 지키는 힘을 기를 필요가 있기 때문입니다.

이때 먼저 참는 행동에 상을 주면 도움이 됩니다. 여기서 말하는 상이란 반드시 물건이나 용돈을 주는 것뿐 아니라, '행동 범위가 넓어진다', '선택지가 많아진다', '자율성에 맡긴다'와 같이 아이에게 자유도를 높여주거나, "조용히 해줘서 고마워"처럼 감사나 칭찬의 말도 상이 됩니다. '규칙을 지키면 좋은 일이 생긴다'라는 이미지를 반복해서 전달하는 것이 핵심입니다.

협박 대신 규칙을 정하는 말

> **말걸기 109 [기본]**
>
> **BEFORE** ▶ 조용히 안 하면, ○○ 안 사줄 거야!
>
> -
>
> **AFTER** ▶ 조용히 안 하면 약속대로 게임 시간을 줄일 거야
>
> -
>
> **★POINT** 인과관계가 명확한 규칙을 정하고 경고와 제한을 한다

　　아이가 사회적으로 큰 피해를 끼치거나 다른 사람이나 자신에게 큰 상처를 입혔을 때는 반드시 행동을 제한해야 합니다. 그전에, 이를 예방하기 위해서는 가정에서 작은 규칙 지키기를 체험하는 것이 좋습니다.

　　사전에 아이와 대화를 통해 '이런 문제가 생기면 이렇게 한다'라는 규칙과 제한 방법을 정하고, 경미한 위반 단계에서 경고를 하고, 그래도 지키지 못했을 때는 제한을 '확실하게' 실행하는 흐름을 만드는 것이 좋습니다.

　　이때 원인과 결과가 명확한 규칙일수록 납득하기 쉽습니다. 예를 들어 게임에 너무 집중한 나머지 큰소리를 지르다 이웃들에게 피해를 줬다면, '생일 선물을 사주지 않는다'라는, 게임과는 직접 관계가 없는 패널티보다 '게임 시간을 제한한다'와 같은 규칙을 정하는 게 좋습니다.

스마트폰, 컴퓨터 중독에는 보호자 설정을 활용한다

스마트폰이나 PC의 온라인 게임, SNS, 동영상 사이트 등은 아이에게도 매우 매력적이어서 자신도 모르게 심각한 의존 상태가 될 가능성이 높습니다.

또, 어느 날 갑자기 거액의 통신비가 청구되거나 SNS상 문제에 말려드는 일을 피하기 위해서도 부모가 어느 정도 조건을 설정하는 물리적인 브레이크는 필요하다고 생각합니다. 다음과 같이 말이죠.

- 사용 가능한 시간대나 하루 사용 시간을 정한다.
- 연령 제한이나 필터링 기능을 통해 애플리케이션 다운로드나 접속, 시청이 가능한 범위를 제한한다.
- 콘텐츠 과금은 할 수 없도록 하거나 그때마다 부모의 승인이 필요하도록 설정한다.
- 스마트폰 요금제를 통해 제한한다.

다만 이런 노력에도 불구하고 아이가 부모의 눈을 피해 어느 순간 비밀번호를 알아내 설정을 해제할 수 있습니다. 그래서 최종적으로는 아이 스스로 절제하는 능력을 키우는 게 가장 효과적인 대책입니다.

보호자 설정은 어디까지나 보조적인 방법이라고 생각하는 것이 좋습니다. 또, 스마트폰 등 전자기기를 너무 많이 사용하는 아이에게는 요금청구 화면을 보여주며 자신이 사용한 시간이나 금액을 확인하게 하고, 다시 대화를 통해 새로운 규칙을 정해야 합니다.

그리고 애초에 아이에게 스마트폰을 제한해서 쓸 수 있게 하는 것이 무리라고 생각한다면 사주지 않는 것도 하나의 방법입니다.

말걸기 110 [응용]

BEFORE	쟤가 오면 시끄러우니까 같이 놀지 마
AFTER	○○아, 옆집에 아기가 있으니까 조용히 해줄 수 있지?
★POINT	다른 집 아이에게도 단계적으로 주의를 준다

게임에 집중하면 우리 집 아이는 규칙을 지키는데 놀러 온 친구들이 큰 소리로 시끄럽게 하는 경우도 생깁니다. 특히 다른 집 아이에게는 엄하게 주의를 주기 힘들어 곤란합니다. 하지만 개선하지 않으면 우리 아이에게도 영향을 미칠 수 있어 난처하지요.

어렵긴 하지만, 먼저 아이에게 사정을 이해시킨 후 단계적으로 제한하면 됩니다. 일단 "○○아, 옆집에 아기가 있으니까 조용히 해줄 수 있지?", "우리 집은 아파트여서 뛰어다니면 아래층에 소리가 울리니까 앉아서 하자." 이렇게 구체적인 이유와 '해야 하는 행동'을 부탁합니다(조용히 하면 "고마워, 도움이 됐어"라고 고마움을 전합니다).

다음으로 아이에게 특히 목소리가 커지는 게임 이름을 물어서 "그 게임을 할 때 조용히 한다면 우리 집에서 놀아도 돼"라고 조건을 붙여 부분적으로 게임을 허용하고, 지켜지지 않으면 "우리 집에서 놀 때는 게임 금지"라고 전원을 빼는 방법도 있습니다.

'느슨한 타임아웃' 육아법

'타임아웃'이라는 육아 방법이 있습니다. 이것은 아이가 허용할 수 없는 행동을 하면 방이나 교실의 구석에 의자를 두고 그곳에 일정 시간(연령×1분 정도가 적당함) 앉아 있게 하는 것입니다. 어른이 단호하게 일관성을 가지고 행하지 않으면 효과가 없지요.

하지만 저는 타임아웃 도중에 다른 형제 아이가 타임아웃을 하고 있는 아이에게 다가가기 일쑤라 '느슨한 타임아웃'으로 변경했습니다.

느슨한 타임아웃은 행동 제한이 아니라, 마음을 정리하는 시간을 줘서 기분 전환을 하는 것이 목적입니다. 형제끼리 싸우거나 부모에게 혼이 난 후 아이가 기분이 좋지 않은 상태가 계속될 경우에는 다음과 같은 방법을 쓰는 것을 추천합니다.

○ "자판기에서 주스 뽑아줘", "슈퍼에서 달걀 사 와", "강아지 산책 부탁해"와 같이 간단한 심부름을 통해 밖에 나갔다 올 구실을 만든다.
○ "잠깐 낮잠 자", "샤워할래?"처럼 혼자서 쉬게 하거나 조용히 놔둔다.

또 부모가 기분이 좋지 않을 때나 다른 어른이 많을 때는, 분위기 파악이 늦은 아이가 지뢰를 밟지 않도록 그 장소에서 떨어지게 하여 불필요한 일에 휘말리지 않게 하는 것도 좋은 방법입니다.

훈육 후 관계를 회복하는 말

아이가 뭔가에 빠져서 숙제나 해야 할 일을 전혀 하지 않을 때는 욱하는 마음에 화를 내고 싶어지기도 합니다.

하지만 아이에게 중요한 것을 부모가 강제적으로 뺏으면 아이의 마음에 화가 남게 되어 자신의 행동을 고치고 싶지 않아지는 것은 물론, 아이가 배울 기회도 사라지고 맙니다.

만약 금지를 통해 아이가 반성하고 규칙을 잘 지켜 신뢰가 회복되면 점차 제한을 완화하거나 해제해주는 것을 잊어서는 안 됩니다.

조금 눈에 거슬리는 일이 있어서 일시적으로 전면 금지를 했더라도 "일주일 동안 집에 와서 바로 숙제를 하면 ○○을 해도 돼"라고 조건을 제시하면 효과적입니다. 아이가 규칙을 실행했다면 부모도 약속을 지키는 모습을 보여줄 필요가 있습니다.

금지 사항을 잘 지키면 제한을 완화한다

아이의 상태를 봐서, 부모가 잔소리를 하지 않아도 충분히 자신의 판단으로 지킬 수 있게 된 규칙이나 아이의 성장에 따라 맞지 않는 규칙은 적절하게 수정하거나 없애야 합니다.

규칙이 늘어나기만 하면 어른도 힘이 들 겁니다. 사회생활을 원활하게 하기 위해 규칙은 어느 정도 필요하지만, 반대로 너무 많은 규칙을 만들면 방해가 될 뿐입니다. '한 개 늘어나면 한 개 줄인다'는 마음으로 정리를 합시다.

그리고 아이가 어느 정도 나이를 먹으면 '규칙에서 계약으로' 이동하는 것이 바람직합니다. 아이가 크면 부모가 정한 규칙을 그대로 수용하기 힘듭니다. 게다가 친구들 사이에서 '어른이 말하는 것을 그대로 따르는 것은 바보 같은 짓'이라는 가치관도 조금씩 생겨날 때입니다.

이럴 때는 '인간으로서 해서는 안 되는 행동' 이외에는 아이와 "○○ 하려면 이런 조건을 두고 싶은데 어떻게 생각해?"라고 물어보세요. 대화를 통해 서로 충분히 이해한 상태에서 합의를 보고 계약하는 방식을 취하면 도움이 됩니다.

반드시 지키게 하고 싶은 일이 있다면 조건과 의무를 나열한 계약서를 만들어 아이의 의견을 충분히 듣고 현실적으로 실행 가능한 범위에서 조정한 후 서로 사인을 해서 증거로 남겨 둡니다. 이렇게 하면 트러블이 생겼을 때도 말로 다투지 않고 비교적 쉽게 갈등을 해소할 수 있습니다.

배려와 약속을 익히는 말

> **말걸기 112 [기본]**
>
> **BEFORE** 그건 민폐야!
>
> **AFTER** 이런 이유로 ~하기 때문에 이렇게 하자
>
> **★POINT** 다른 사람에게 갈 피해 내용을 구체적으로 설명한다

　　지금까지 '다른 사람에게 피해 주는 일'을 아이를 훈육하는 하나의 기준으로 사용했는데, 그렇다면 '피해(민폐)'란 구체적으로 무엇을 말하는 걸까요? 어른은 지금까지의 경험을 종합적으로 판단하여 '이것이 민폐다'라고 알 수 있지만, 아직 인생 경험이 적은 아이는 "민폐야!"라고 듣기만 하면 느낌이 오지 않을 수도 있습니다.

　　예를 들어 공공장소나 병원에서 아이의 게임기 소리가 크게 울렸을 때, "지하철에서는 큰 소리를 내면 불쾌하게 생각하는 사람이 있으니까 이어폰을 사용하자", "병원에서는 큰 소리를 내면 머리가 아픈 사람이 있을 수 있으니까 소리를 꺼 놓자"라고 미리 말해주면 좋습니다.

　　다시 말해 누가 어떤 불편함이나 부담을 받는지 구체적으로 이해할 수 있도록 말해주고, 그와 함께 '해야 할 행동'을 알려줘야 합니다. 이렇게 하면 아이는 주변 사람들에 대한 배려를 배우게 됩니다.

말걸기 113 [응용]

BEFORE ▶ 모두 하는 거니까

- -

AFTER ▶ 이 규칙이 있는 것은 이런 이유 때문이야

- -

★POINT 그 규칙이 존재하는 이유를 친절하게 설명한다

아이도 어른도 충분한 설명을 듣고 이해하면 규칙을 지키기 훨씬 쉬워지고 협력도 가능해집니다(반대로 제대로 된 설명 없이 "모두 하는 거니까"라고 강요당하면 반발심만 생기게 됩니다).

그 커뮤니티에서 필요한 규칙이나 의무, 매너 등을 '모두 하는 것'으로 마무리 짓지 말고 '왜 그렇게 해야 하는지', 그 규칙이 존재하는 이유를 친절하고 세심하게 설명해주면 아이도 이해하고 규칙을 지키기가 훨씬 수월해지지요.

예를 들어 "한 번 사용한 종이는 이면지로 쓸 수 있으니 여기에 두어야 해"라고 설명해줍니다(아이가 잘 따르면 "고마워"를 잊지 마세요). '모두 하는 거니까'는 주위 사람들에 따라서 '모두 하지 않으니까'가 될 수도 있습니다. 그러나 그 규칙이 필요한 이유를 아이가 스스로 이해하면 주위 사람들이 어떻게 하든 아이는 그 규칙을 지킵니다.

합리적인 이과 타입 아이에게 규칙을 설명하는 방법

만약, 부모의 설명만으로 아이가 이해하지 못할 경우, 특히 합리적

인 이과 타입의 아이에게는 이런 방법을 쓰면 효과적입니다.

◦ 그림이나 표, 그래프 등을 활용하여 논리적으로 설명한다.
◦ 구체적인 수치나 비율 등 숫자를 활용하여 설명한다.
◦ 그 분야 전문가가 설명하는 영상을 보여준다.

말걸기 114 [응용]

BEFORE 그게 규칙이니까

AFTER 그런 규칙은 엄마도 이상하다고 생각해

★POINT 이상한 규칙은 "이상해"라고 말해도 된다

세상에는 부모조차 왜 그 규칙이 필요한지 이유를 설명할 수 없는 불합리한 규칙, 암묵적 합의도 있습니다. 이는 폐쇄적인 사회에서 규칙을 시대에 맞게 수정하지 않을 때 자주 보입니다.

이에 대해 현재를 사는 아이가 '이런 걸 왜 지켜야 해?'라고 느끼는 건 어쩌면 당연한 일입니다. 아이의 솔직한 의문에 대해 부모도 확실히 이상하다고 느낀다면, 느낀 그대로 말해도 됩니다. 어른이 생각을 바꾸는 모습을 보여주는 것도 대단히 중요한 공부가 됩니다.

행동의 결과를 예측하게 하는 말

> **말걸기 115 [기본]**
>
> **BEFORE** 위험하니까 그만해
>
> **AFTER** 그렇게 하면 ~하게 될 거라 생각하는데 그래도 괜찮아?
>
> **★POINT** 위험 요소를 알려준 후 도전하게 한다

활발하고 충동적인 아이는 행동력과 번뜩이는 아이디어가 있는 반면, 앞날을 예측하지 못하기도 합니다. 어른이 "위험하니까 그만해!"라고 제지해도 뒷일을 생각하지 않고 뛰어가지요.

어릴 때는 물리적으로 막는 것이 가장 빠르지만, 아이가 조금 크면 이성에 호소하는 것이 효과적입니다. '이렇게 하면 이렇게 된다'라는 결과 예측이나 인과관계를 이해시키고, 리스크를 알려주며 "그래도 괜찮아?"라고 물어본 후 조건을 붙여 허락하면 됩니다.

그러면 아이가 도전 의욕을 존중받으면서도 사전에 리스크를 생각하고 스스로 절제할 수 있습니다. 예를 들어 친구들끼리 외출했을 때, "돌아올 차비까지 쓰면 걸어와야 하는데 그래도 괜찮겠어?" 혹은 "혹시 모르니 엄마한테 위치를 알려주면 도움이 될 거야"라며 작은 모험을 할 수 있도록 도와주면 아이의 성장에 도움이 됩니다.

말걸기 116 [응용]

BEFORE 왜 그런 행동을 해?

AFTER 지금 ○○하면 어떻게 될 거라 생각해?

★POINT 행동하기 전에 잠깐 멈추게 하자

아이의 경험치가 쌓였을 때 결과 예측을 스스로 할 수 있도록 이끌어주면 좋습니다. 호기심 왕성한 아이는 "좋은 생각 났다!"라며 계속 움직이는데, 그것이 결과적으로 주위 사람에게 민폐가 되기도 하고, 어떤 때는 사람들에게 빈축을 사기도 합니다.

최악의 전개를 피하기 위해서는 "지금 ○○하면 어떻게 될 것 같아?"라며 행동하기 전 잠깐 멈춰서 생각하는 습관을 들이도록 하는 게 중요합니다.

예를 들어 장례식에서 아이가 튀는 행동을 할 것 같으면 "누가 난처해질 것 같아?"라며 자신의 행동으로 인해 바로 앞에 벌어질 일을 상상하게 합니다(만약, 행동을 멈추게 할 수 없으면 함께 그 장소에서 떨어져야 합니다).

이렇게 장난기 많은 아이는 호기심과 탐구심이 왕성합니다. 이런 특성을 이용하여 바둑, 보드 게임, 시뮬레이션 게임, 과학실험이나 프로그래밍 등 '놀이의 연장'으로 결과를 예측하는 힘을 길러주는 것도 좋은 방법입니다.

말걸기 117 [응용]

`BEFORE` 이젠 되돌릴 수 없어…

`AFTER` 만약 한 번이라도 ○○하면 이렇게 되는 거야

`★POINT` 돌이킬 수 없는 일은 사전에 예방한다

돌이킬 수 있는 실패라면 '좋은 경험'이라고 생각할 수 있지만, 세상에는 돌이킬 수 없는 실패도 있습니다. 예를 들어 범죄나 사고로 다른 사람(과 자신)에게 큰 손해를 입혔을 경우 말이죠.

그러므로 작은 실패를 하면서 경험을 쌓는 한편 뉴스를 통해 '반면교사'를 경험하게 하는 것도 필요합니다. 한 번 잃은 신뢰를 회복하기 위해서 얼마나 힘들게 많은 노력을 해야 하는지 보여주는 것입니다.

`육 아 의   법 칙`

적절한 주량의 법칙

젊었을 때는 주량을 몰라서, 분위기에 취해 너무 많이 마시다 실수를 하기도 합니다. 하지만 나이가 들면서 '이 이상 마시면 내일이 힘들어진다'라는 경험이 쌓여 자신의 주량이 얼마인지 알게 됩니다. 그래서 '오늘은 이 정도'라며 자제할 수 있게 되는 것이죠. 결과를 예측할 수 있게 되기까지는 어느 정도 (실패를 포함해) 경험과 시간이 필요합니다.

Step 68

한 번만 알려줘도 이해하는 말

말걸기 118 [기본]

BEFORE 예전에 말해줬잖아

AFTER 이럴 때, 어떻게 하면 됐지?

★POINT 과거의 경험을 떠올리는 계기를 만들자

몇 번을 말해도 같은 일을 반복하는 아이는 '과거의 경험을 적절한 때 떠올리는 일'이 어렵습니다. 이런 아이는 실패를 두려워하지 않고 계속해서 도전하는 장점이 있는 반면, "그래서 말했잖아!", "몇 번 말해야 알아들어?"와 같이 항상 야단을 맞습니다.

아마도 야단을 맞을 당시에는 충분히 이해했을 겁니다. 하지만 정보를 정리하는 능력이 부족하면 엉망진창인 옷장에서 옷을 꺼내는 것과 같이 머릿속에서 필요한 기억을 쉽게 꺼내지 못하지요.

이런 아이에게는 과거의 경험을 떠오르게 하는 계기를 만들어줘야 합니다. 중요한 물건을 찾기 힘들 때는 "이럴 때, 어디를 찾아보면 있었지?", "전에는 어디에 있었지?", "오늘 있었던 장소를 떠올려볼까?"라고 질문을 해주면 도움이 됩니다.

말걸기 119 [응용]

BEFORE 한 번 말해서는 절대 말을 안 듣네

AFTER 그때는 그랬는데, 이번에는 이런 점이 다르네

★POINT 융통성이 없을 때, 구체적으로 상황의 차이를 설명한다

경험을 떠올리기에 약한 아이가 있는 반면, 과거 일을 잘 기억하지만 응용하는 일이 서툰 아이도 있습니다. 특히, 한 번 잘했던 경험이 있으면 그 방법이나 순서에 집착해 다른 방법을 받아들이려 하지 않는다거나, 상황에 맞춰 생각을 바꾸지 못하는 경우도 있습니다.

이런 아이는 평상시 새로운 지식이나 다양한 경험을 할 수 있도록 부모가 신경 써야 하며, 그와 함께 지금의 일이 과거의 경험과 구체적으로 어떤 점에서 다른지 알게 해주어야 합니다. 예를 들어 그전에 갔던 음식점에서 디저트를 공짜로 받은 경험이 있어서 오늘도 그렇게 하겠다고 고집을 부릴 때는 이렇게 해보세요.

"그때는 평일이어서 손님이 별로 없었지만 오늘은 일요일이라 손님이 많아서 공짜로 받기가 힘들어." 이렇게 이전의 경험과 다른 점 그리고 상대의 사정을 구체적으로 설명해주면 아이도 이해할 수 있습니다. 그리고 "오늘은 어떻게 할까? 공짜는 없을 것 같은데, 그래도 갈래? 아니면 다른 가게에 갈까?"라고 제안해서 아이와 함께 해결책을 찾는 것도 좋은 방법입니다.

훈육에 애정을 담아 전하는 말

> **말걸기 120 [기본]**
>
> **BEFORE** 언제까지 놀 거야! 빨리 자!
>
> --
>
> **AFTER** 9시야. 잘 시간이야 → 9시야 → 9시야…
>
> **★POINT** 어떻게든 양보할 수 없는 일은 끝까지 관철해도 된다

　　지금까지는 '어디서부터 아웃인지', '왜 안 되는지'를 아이에게 알려주거나 아이가 자제할 수 있도록 행동을 유도하는 방법을 주로 설명했습니다.

　　하지만 '안 되는 건 안 되는' 일이나, 부모도 아이를 키우면서 개인적으로 이것만큼은 했으면 하는 것, 절대 하지 않았으면 하는 것 등 관철하고 싶은 방침이 있지요.

　　부모가 정말 중요하다고 생각하는 일에 대해서는 기계처럼 같은 말을 담담하게 반복해도 괜찮습니다.

말걸기 121 [응용]

BEFORE 언제쯤 알아들을래!

AFTER 때리는 것은 안 돼 → 때리는 것은 안 돼 (반복)

★POINT 이해한 규칙은 실천할 수 있을 때까지 지켜본다

'머리로 이해하는 것'과 '실제로 행동하는 것'에는 조금 차이가 있습니다. '알고는 있지만 하지 못하는 것'에 대해서는 아이가 이래저래 변명을 하게 됩니다.

그래도 아이가 이해하고 납득한 규칙이라면 담담하게 반복해서 말하고 실천할 수 있을 때까지 지켜보면 됩니다.

말걸기 122 [응용]

BEFORE 전에도 말했었지?

AFTER 열심히 하는 모습은 결국 알 사람은 다 알게 되어 있어

★POINT 중요한 것은 입버릇처럼 계속해서 말한다

부모로서 아이에게 전하고 싶은 것, 특히 중요하게 생각하는 습관이나 가치관은 입버릇처럼 말해주세요.

정해진 '대사'처럼 아이가 자신감을 잃을 것 같을 때마다 "열심히 하는 모습을 알 사람은 다 안다", "넌 대기만성형이라 괜찮아", "걱정하지

마"라고 계속해서 말해주세요.

부모의 애정이나 아이의 장점은 몇 번을 말해도 괜찮습니다. "이렇게 사랑스러운 아이는 세상에 없어"와 같은 말을 아이가 그만하라고 할 때까지 계속하세요.

그렇게 하면 부모가 없을 때도 아이의 마음속에 부모의 말이 남아 아이의 일생을 지지하고 용기를 북돋는 기둥이 되어줍니다.

육 아 의 법 칙

요괴 캐릭터의 법칙

제가 초등학생 때 만화 재방송을 보고 있는데, 한 요괴 캐릭터가 나왔습니다. 큰 벽에 눈과 짧은 손발, 마음씨가 착하고 힘센 친구였죠. 이 요괴는 '절대 통과시켜주지 않을 거야!'라는 각오로 항상 양손을 펼치고 한 발짝도 물러서지 않습니다. 이 캐릭터처럼 평소에는 부모가 유연하게 대응하면서도 '이것만은!' 싶은 상황에서는 물러서지 않아도 됩니다.

자제하는 마음이 자라는 말

> **말걸기 123 [기본]**
>
> **BEFORE** 마음대로 해!
>
> --------------------------------
>
> **AFTER** 네가 소중하니까 엄마가 걱정하는 거야
>
> --------------------------------
>
> **★POINT** '우리 애가 그럴 리 없어'는 없다

지금까지 '해서는 안 될 것'에 대한 훈육 방법을 알아보았습니다. 이 다양한 방법들이 부모와 아이의 마음을 연결하는 다리가 되어줄 거예요. 다만, 강한 훈육은 정말 위험할 때나 부모의 직감이 강하게 움직일 때만 사용하고 보통 때는 아이가 자신의 의사로 결정한 것을 존중해주도록 합시다(결과를 강요하지 않고 솔직한 기분을 전하는 것은 언제라도 좋아요).

평상시 부모가 아이를 존중하는 마음이 충분히 전달되면 아이가 극단적으로 위험한 행동을 할 확률이 낮아집니다. 그래도 육아에 '우리 애가 그럴 리 없다'라는 생각은 버려야 합니다. 예를 들어 친구들과의 집단 심리에 휩쓸려 범죄 행위에 가담하는 경우도 있으니까요.

이런 일을 막기 위해서는 높은 자제력이 필요합니다. 그렇다면 아이를 존중하면서 아이의 자제력을 키우는 법에는 무엇이 있을까요?

공부를 통해 이성과 지성을 높인다

아이의 자제력을 키우기 위해서는 공부를 통해 이성을 키우는 것이 중요합니다(학교 공부만이 공부가 아닙니다!). 책을 많이 읽으면 다양한 지식을 비롯해 자신과는 다른 사람의 생활이나 생각이 있다는 사실을 인식하여 시야를 넓힐 수 있습니다. 또, 시행착오를 거쳐 사물을 다양한 각도에서 객관적으로 검증할 수 있게 되고, 자신의 생각을 정리하여 정확하게 상대에게 전할 수 있는 논리력을 키울 수 있습니다.

아이가 좋아하는 것을 부모도 좋아해준다

아이의 정서를 풍부하게 해줘도 자제력이 향상됩니다. 아이가 좋아하는 것이 많을수록 그것을 스스로 부수는 행위는 하지 않게 됩니다. 어른들도 욱하는 마음이 생겨도 소중한 가족을 떠올리고 화를 가라앉힌 경험을 해본 사람이 있을 것입니다. 부모는 아이가 좋아하는 것이나 사람을 부정하지 말고 최대한 아이의 세계를 존중해줘야 합니다. 그럼 아이도 남을 존중하게 됩니다.

- 자신의 취향이나 센스와는 조금 달라도 이해하려 노력한다.
- 아이의 친구들이나 좋아하는 연예인의 험담을 하지 않는다.
- 아이의 친구들에 관심을 가진다("요즘, ○○이 잘 있어?").

Q ▸ 이웃집 아이가 매일 우리 집에 와서 돌아가지 않아요.

솔직히 조금 귀찮기도 하지만, 그 아이가 걱정되기도 합니다.

A ▸ 확실하게 선을 그은 후에 걱정되는 마음을 전달합니다.

항상 어른의 사정이 우선시되어 방치되는 아이는 자기긍정감이나 자존감이 낮고 다양한 학습 기회도 줄어들기 쉽습니다. 때문에 자신이나 타인을 중요하게 생각하는 감각이 약할 수 있습니다.

그 아이가 정말 필요로 하는 것은 안전하고 따뜻한 방, 그리고 부모의 품일지도 모릅니다. 그러나 현실적으로 다른 집 아이를 매일 머물게 하는 것은 피곤한 일입니다. 그러니 "우리 집 규칙을 안 지키면 여기선 못 놀아"라고 단호하게 선을 그어줄 필요가 있습니다.

"엄마가 걱정하실 거야"라고 재촉해도 "아무도 걱정 안 해요!"라고 받아치는 아이도 있습니다. 이럴 때는 "아줌마가 걱정돼서 그러니까 어두워지기 전에는 집에 돌아가자"라고 자신을 주어로 해서 아이의 눈을 보고 분명하게 말을 해야 합니다.

다만, 만에 하나 그 아이의 몸에 멍이 있거나 집에 돌아가기를 극단적으로 싫어한다는 느낌이 들면 가까운 경찰서나 센터에 도움을 요청해야 합니다. 어른으로서 다른 집 아이를 지키는 일이 결과적으로 내 아이를 지키는 일이기도 합니다.

CHAPTER 6

사회성을 키우는
말걸기

이번 장은 지금까지의 응용편입니다. 아이가 바깥세상으로 나아가면서 주위 사람들과의 불필요한 트러블을 줄이고 스스로 대처하기 위한 현실적인 스킬, 즉'사회성'을 익히기 위한 방법을 다룹니다.

사람들에게 자신의 생각을 알리고, 자신과 다른 사고방식이나 가치관을 인정하면서, 현실적인 타협점을 찾아 살아가는 능력이 사회성입니다. 그리고 이 사회성의 토대는 부모와 아이의 소통에서 시작됩니다.

부탁하는 방법을 알려주는 말

> **말걸기 124 [기본]**
>
> **BEFORE** 그게 다른 사람한테 부탁하는 태도야?
>
> **AFTER** 공손하게 말하면 가져다줄게
>
> **★POINT** 부모와 아이의 대화를 통해 말의 감각을 키운다

먼저 '인간관계 문제는 대부분 필요한 말이 부족해서 발생한다'는 사실을 알아야 합니다. 흔히 상대와의 성격 차이나 한쪽의 인격 문제라고 생각하지만 사실은 필요한 말이 부족하거나 혹은 너무 많아서 문제가 됩니다.

아이가 말의 감각을 익힐 때 가장 큰 영향을 미치는 것이 일상생활에서의 부모와 아이 간 대화입니다. 예를 들어 아이가 목이 마를 때 "물!"이라고 단어로 말하면 "물을…(어떻게 하라고)?" 하며 생략된 다음 말을 천천히 기다려야 합니다.

또 "공손하게 말하면 가져다줄게"라고 조건을 달거나 아이에게 컵을 건네기 직전에 멈췄다가 "고맙습니다"라는 말을 들은 후에 주면서 부탁할 때의 매너를 가르칠 수도 있습니다.

말걸기 125 [응용]

BEFORE 도대체 무슨 얘기를 하는 거야?

AFTER 누가? / 무엇을? / 예를 들어?

★POINT 말을 알아듣기 힘든 아이에게는 요점을 확인한다

　　　　　　　말은 많은데 주어나 중요한 정보를 날려버린 채 이 야기하고 요점 정리가 안 되어 두서가 없는, 도무지 무슨 말을 하는지 알 수 없는 아이가 있습니다.

이렇게 말을 하는 아이에게는 "누가?", "무엇을?", "예를 들어?", "다시 말해?", "그래서?"라고 부족한 정보를 확인하면서 가벼운 브레이크를 걸어주거나, "그랬구나, ○○이 ~한 거야?", "정말 ○○가 ~을 했어?"라고 요점을 확인하면서 대화를 진행해야 합니다.

일상적인 대화에서 주어, 서술어, 목적어 등의 문법을 의식하고, 이 야기의 요점을 생각하며 말하면 공부할 때도 도움이 됩니다.

이렇게 두서없이 말만 많은 아이가 있는 반면, 말을 이어가지 못하는 아이도 있습니다. 이런 아이는 "음, 음, 음…"만 반복하다 이야기를 하기까지 한참 시간이 걸립니다. 그동안 그 아이의 머릿속에서 (사려 깊고, 보다 적절한) 말을 찾고 있을지도 모릅니다.

재촉하면 긴장해서 더 말이 나오지 않을 수도 있기 때문에 가볍게 고개를 끄덕여주며 '온화하고, 느긋하고, 자연스럽게' 기다려주세요.

육 아 의 법 칙

비대면과 엇갈림의 법칙

디지털 커뮤니케이션이 당연한 세상에 살고 있는 지금의 아이들은 메시지 앱이나 채팅, SNS 등에서 매우 빠른 속도로 대화를 하고 있습니다. 상대에게 '빠른 응답'을 하기 위해서는 이모티콘이나 줄임말을 섞어 쓰게 됩니다. 예를 들어 'ㅇ=응'처럼 말이죠. 가끔은 마치 암호 해독 같습니다.

이처럼 빠른 형태의 소통을 따라가기 위해서는 '분위기를 읽는 힘'이 중요합니다. 그래서 분위기를 읽는 능력이 부족한 아이나 반대로 과도하게 주위를 살피는 아이에게는 부담이 될 수도 있습니다.

결국 말의 엇갈림에서 시작하여 트러블이 생기고, 그 스트레스 때문에 SNS를 지우는 일도 생깁니다. 또 이 줄임말 감각이 직접적인 커뮤니케이션에서 사용되면 디지털 커뮤니케이션과 같은 문제가 발생하기도 합니다.

다만, 이만큼 아이들에게 줄임말 문화가 침투한 이상, 그것을 전제로 한 대화를 아예 무시할 수는 없겠습니다.

Q ▶ 우리 아이는 발달장애는 아닌데 친구들과 잘 어울리지 못하고

자주 트러블이 생깁니다. 왜 그럴까요?

A ▶ 인간관계를 자연스럽게 익히기 힘든 사회이므로 자연스러운 현상입니다.

아이들은 주변 사람들을 보고 자연스럽게 관계를 맺으며 인간관계 스킬을 익힙니다. 그런데 저출생으로 형제나 이웃 아이들이 줄어들고, 맞벌이의 증가로 부모와 아이의 대화 시간이 충분하지 않고, 전자기기의 보급으로 직접 얼굴을 보고 놀 기회가 줄어들고 있습니다.

발달장애가 있는 아이뿐만 아니라 현대의 모든 아이들이 사람을 배울 기회가 부족해서 인간관계에서 '당연한 것'을 자연스럽게 배우기 힘든 상황에 놓여 있는 것이지요. 이런 환경에서는 친구끼리 해서는 안 될 말과 행동의 경계선, 그리고 말의 감각을 익히기 쉽지 않습니다. 또 자신과 다른 개성이나 사고방식을 인정하지 않는 등 유연성이 부족한 사람이 되기 쉽습니다.

이제는 어떤 아이라도 발달장애 아이가 배우듯 사람과 유연하게 관계 맺는 방법을 구체적으로 배울 필요가 생겼습니다. 먼저 부모와 아이의 일상적인 대화에서부터 이 점을 의식하면 도움이 될 것 같습니다.

친절한 행동을 익히는 말

어른이든 아이든 "그런 건 알아서 했어야지", "보면 몰라?"라고 말하고 싶어지는 사람이 있습니다. 이런 사람들에게는 이심전심을 기대해선 안 되고, 할 말이 있으면 분명하게 전하는 게 좋습니다.

특히 아이에게는 상대의 몸 상태나 기분을 배려하는 '친절한 행동'을 하나하나 프로그래밍하듯이 구체적으로 알려줘야 합니다. 예를 들어 엄마가 두통 때문에 앓는 소리를 내며 소파에서 쉬고 있는데 아이가 눈치 없이 소파로 다이빙할 경우, "엄마가 지금 너무 머리가 아프니까 좀 쉬게 해줘"라고 구체적으로 이유나 상황을 알려주세요. 그리고 아이가 이해했으면 "고마워"라고 피드백을 줘서 '친절한 행동'이 뭔지 명확히 알려줍니다.

평소 눈치 없는 아이(또는 남편)가 우연히 또는 갑자기 '친절한 행동'을 한다면 그 즉시 "친절하네. 고마워"라고 칭찬해주세요. 예를 들어 겨우 몇 미터라도 짐을 들어주었다면(얼떨결에 들어준 경우를 포함해), 작은 배려의 싹을 놓치지 말고 감사의 말을 전하세요. 그러면 점점 정말 친절하고 상냥한 사람으로 변합니다.

육 아 의 법 칙

프로그래밍의 법칙

우리 아이는 프로그래밍을 배우는데, 옆에서 화면을 들여다보면 육아에도 꽤 참고가 됩니다. 프로그래밍은 '만약 이런 조건일 때 → 이 캐릭터는 이렇게 움직인다'라는 세팅을 차곡차곡 입력하는 게 기본입니다. 게다가 'YES/NO'로 계속 구분하거나 임의로 숫자를 넣어서 보다 자연스러운 움직임을 만듭니다. 다른 사람들을 보고 자연스럽게 배우는 게 힘든 아이라도 이처럼 '친절한 행동'을 프로그래밍하면 잘 익힐 수 있습니다.

원하는 것을 구체적으로 전달하는 말

말걸기 128 [기본]

BEFORE 야, 추워!

AFTER 추우니까 문 좀 닫아줄래?

★POINT '해줬으면 하는 행동'을 구체적으로 전달한다

한겨울 함박눈이 펑펑 내리는 날, 따뜻한 방 안에서 쉬고 있는데 아이가 갑자기 창문을 활짝 열고 내리는 눈에 흥분합니다. 찬 기운에 화들짝 놀라 "야, 추워!"라고 언성을 높여보지만 아이는 "응, 겨울이야!"라며 별 반응이 없습니다. '추워'라는 말이 창문을 닫아달라는 뜻이라는 걸 전혀 알아채지 못한 것이죠.

이렇게 상대의 기분을 살피거나 상황 판단하는 일이 서툴면 "추워!"라는 말만으로 '그렇다면 어떻게 해야 하는지'까지 이해되지 않습니다.

이럴 때는 말을 아끼지 말고 "추우니까 창문을 닫아줄래?"라며 '해줬으면 하는 행동'을 구체적으로 전달해야 합니다. 어쩌면 필요한 말이 부족한 것은 아이뿐만 아니라 부모도 마찬가지일 수 있습니다. 집안일은 조금 부실하게 해도 되지만 말은 부실하지 않게 구체적으로 끝까지 전달해야 합니다.

아이가 알 수 있는 표현으로 '분위기 번역'을 하기

아이에게 말의 의도가 제대로 전달되지 않는 원인은 '보고 느낀 것'을 '간략한 말'로 전달해서일지도 모릅니다. 희망사항을 말하고 싶을 때, 아이가 알 수 있는 표현으로 말할 수 있도록 노력하지 않으면 쌍방향 커뮤니케이션이 성립되지 않습니다. 이럴 땐 서로 다른 문화를 교류하는 것과 같이 아이에게 맞춰서 분위기를 번역해야 합니다.

특히 자기중심적인 아이에게는 타인보다 자신을 먼저 생각하는 사람과 대화한다고 생각해보세요. 그리고 영어회화를 배울 때처럼 아이의 커뮤니케이션 능력도 대화의 '실천 횟수'로 결정됩니다.

분위기 번역표 : 아이가 알 수 있는 표현	
BEFORE	AFTER
불 지켜보고 있어!	물이 냄비에서 흘러넘칠 것 같으면 불을 약하게 줄여줄래?
저리 가!	여기 지나가야 하니까 좀 옆으로 비켜줄래?
왜 이리 더러워!	방바닥에 떨어진 쓰레기를 쓰레기통에 넣고, 책은 책꽂이에 꽂아줄래?
옷이 그게 뭐니?	셔츠를 바지에 집어넣고, 단추를 잠그면 단정하게 보이지 않을까?

Q ▶ 아이가 아스퍼거 증후군입니다.

함께 있기만 해도 금방 피곤해집니다.

A ▶ 아스퍼거 증후군 아이와는 각자 하고 싶은 말을 하는 관계가 편합니다.

많이 힘드시겠군요. 혹시 힘든 이유가 지금까지 아이를 보살피느라 자신을 위한 일이나 마음을 소홀히 했기 때문은 아닐까요? 마음의 엇갈림이 계속되고, 한쪽이 일방적으로 맞추다 보면 맞추는 사람의 마음이 잘 보이지 않게 되어 버립니다.

지금까지 부모와 아이의 애착 관계가 확실하게 구축되어 있다면 "엄마는 그건 싫은데", "하기 싫어"라고 기분을 솔직하게 전해도 된다고 생각합니다(다만, 감정을 쏟아내진 마시길).

아이도 자신의 요구가 받아들여지더라도 일방적 소통이 계속되면 더 고독하고 외로워질 뿐입니다. 그러므로 각자 하고 싶은 말을 하는 관계가 편합니다.

저는 아스퍼거 증후군 아이를 대하는 방법으로 '외국인, AI, 우주인과의 소통'을 떠올립니다. 애초에 나와 언어(또는 운영체제)가 다르고, 문화 배경과 사고회로가 다르기 때문입니다. 육아는 장기전입니다. 매번 너무 애쓰지 않도록 하세요.

분위기를 잘 읽게 되는 말

> **말걸기 129 [기본]**
>
> **BEFORE** 주변을 좀 봐!
>
> --
>
> **AFTER** 지금 모두 함께 ○○하려던 참이었어
>
> --
>
> **★POINT** 아이에게 악의가 없다면 상황을 설명하고 알 수 있도록 하면 된다

진지한 TV 방송을 보고 있을 때, 아이가 갑자기 "그러고 보니 오늘 엄청 웃긴 일이 있었는데…"라며 웃음기 가득한 얼굴로 이야기를 시작합니다.

이런 경우 본인은 악의가 없고 주변 상황을 파악하지 못해서가 대부분입니다. 그러니 "지금 모두가 진지하게 TV를 보고 있는 중이야"라고 현재 상황을 읽어주면 이해를 합니다. 그래도 분위기 파악을 못 하면 "지금 중요한 장면이니까 잠깐 조용히 하자"라고 말의 의도를 명확하게 전달하세요. 그렇게 해서 협조해주면 "고마워"라는 말을 잊지 마세요(재미있는 이야기는 나중에 꼭 들어주시고요!).

아이가 '진지할 땐 웃긴 이야기를 하지 않는 것이 좋다'라는, 상황에 맞는 적절한 행동을 깨우치면 나중엔 '어깨를 툭툭 쳐서 알게 하기', '눈짓으로 말하기'로 분위기 파악에 도움을 주세요.

말걸기 130 [응용]

BEFORE ▶ 좀 더 생각해볼 수 없어?

AFTER ▶ 저 주인공은 지금 어떻게 생각하고 있을 것 같아?

★POINT 상대의 기분을 상상하게 하는 연습을 한다

'마이 웨이'가 강한 아이에게는 분위기를 읽으며 판단하는 일이 어려울 수 있습니다. 이런 아이에게는 "지금 (이 드라마는) 어떤 장면이라고 생각해?", "주인공이 지금 어떤 생각을 하는 것 같아?"라고 물어 드라마나 영화 장면 속 등장인물의 기분을 상상하게 해주면 좋습니다. 특히 추리물이나 미스터리물이 좋은 교재가 됩니다.

또한 주변 상황을 쉽게 파악하지 못하는 아이일 경우 "지금 ○○이는 어떻게 하고 있어?"라고 그 상황에 맞는 행동을 하는 아이를 본보기로 보여주는 것도 좋은 방법입니다.

다만 본보기가 되는 상대를 선택할 때는 내 아이가 상대 아이를 어떻게 생각하느냐가 중요합니다. 아이는 부모나 선생님이 볼 때 우등생이나 모범생이 아니라, 본인이 호감을 가지고 있거나 친근감을 느끼는 아이를 따라 하고 싶어 합니다.

일상생활에서 이런 경험을 쌓아 가면 마이 웨이인 아이도 점점 주위 사람들에게 (어느 정도라도) 배려할 수 있게 됩니다.

Q ▶ 중학생인 우리 아이는 자기 스타일이 강한데,

학급 분위기에 잘 섞이지 못하고 왠지 겉도는 것 같아요.

A ▶ 감정이 널뛰는 시기에 집단 심리에 휩쓸리지 않는 것은 훌륭한 강점입니다.

분위기 파악을 잘하지 못하는 아이는 사춘기 무렵부터 인간관계에 대한 고민이 깊어질 수 있습니다. 중고생 집단에서는 선배에 대한 예의와 같이 '암묵적인 룰'을 지킬 수 있어야 하기 때문입니다.

이런 아이는 반 분위기에 소외감을 느낄 수 있습니다. 하지만 '분위기를 파악하지 못한다'는 것은 바꿔 말하면 '집단 심리에 휩쓸리지 않는다'는 훌륭한 강점이 될 수도 있습니다.

자기 스타일이 강한 '마이 웨이' 아이는 반 아이들의 장난이나 어떤 아이에 대한 왕따에도 동조하지 않고, 학급 붕괴 상태에서도 교실 한편에서 묵묵히 자신만의 페이스로 공부를 하기도 합니다.

다수가 무조건 옳은 것은 아닙니다. 집단에는 다른 사람과 다른 행동을 하는 사람도 필요합니다. 아이는 그저 인간관계에 큰 지장이 생기지 않을 만큼의 상식, 매너, 처세술만 알면 됩니다.

다른 사람의 색깔에 물들지 않는 그 아이만의 독창성을 보물처럼 중요하게 생각해주세요.

다른 가치관을 이해하는 말

> **말걸기 131 [기본]**
>
> **BEFORE** 그런 건 물어보는 거 아니야!
>
> --
>
> **AFTER** ○○에 관한 걸 남에게 말하고 싶지 않은 애도 있어
>
> --
>
> **★POINT** 사람에 따라서 느끼는 점이 다르다는 사실을 알려준다

"네가 그렇게 상처받을 줄 몰랐다"라며 뜻하지 않게 다른 사람에게 상처를 준 경험은 누구에게나 있을 겁니다. 이것은 사람마다 사물을 느끼는 방법이나 받아들이는 방법, 배경에 있는 사정이나 입장이 다르기 때문입니다.

아이들 중에서도 자신의 시험 점수를 장난스럽게 웃으면서 말해주는 아이가 있는가 하면, 점수가 좋든 나쁘든 물어보는 것 자체를 싫어하는 아이도 있습니다.

어른들은 '이 사람에게는 이런 말을 하면 안 된다'라고 경험을 통해 판단하지만 아이들은 경험치가 적습니다. 게다가 개성이나 자란 환경이 일반적이지 않은 경우 배려나 섬세함이 부족한 말을 들으면 당연히 기분이 좋지 않을 수 있습니다.

그때마다 "그런 사람도 있어", "그런 경우도 있어"라고, 생각하는 방

법이나 느끼는 방법, 입장이나 사정이 다를 수 있다는 것을 알려주세요. 이런 경험의 축적이 '배려'의 기준이 됩니다.

'다름'을 게임으로 즐겁게 배울 수 있다

게임을 통해 '모든 사람이 자신과 같은 생각을 하는 것은 아니다', '각각의 입장에서 우선시하는 것이 다르다'라는 사실을 즐겁게 배울 수 있습니다.

주인공과 파티 편성, 명령의 선택에 따라 서로 다른 스토리를 즐길 수 있는 RPG나 시뮬레이션 게임은 모험, 만들기, 전략 등 종류가 다양하기 때문에 아이가 좋아하는 것을 쉽게 찾을 수 있습니다.

또한 전통적인 장기나 트럼프는 물론, 최근 아날로그 보드게임이나 카드게임도 여러 취향에 맞춰 다양하게 출시되고 있습니다. 이들 게임을 통해 다양한 사람의 마음을 추리하는 연습을 할 수 있고, 협상 전략이나 설득의 기술도 배울 수 있습니다.

그 외에도 연극을 통해 자신과 다른 성격의 역을 연기하거나 토론·모의재판에서 상대방의 입장을 생각해보는 것도 타인의 심리를 가상 체험할 수 있는 효과적인 방법입니다.

극단적인 상대에게는 다가가지 않는 것도 필요하다

육아할 때 이외에도, '이런 일로 저렇게 화낼 줄은 몰랐다', '갑자기 화를 내는 이유를 모르겠다'라고 생각하게 만드는 사람도 있습니다. 이는 살면서 상처받은 경험이 많아 자신을 지키려다 사소한 말에 과민반응을 보이거나 매사를 극단적으로 받아들이는 사람일 수 있습니다.

그렇다고 해서 상대에게 상처를 주지 않기 위해 너무 신경 쓰다 보면 지뢰밭을 걷는 것처럼 피곤할 수 있습니다. 어느 정도 '출입금지 구역'을 정해서 다가가지 않을 필요가 있지요.

그런데도 상대의 지뢰를 밟아버렸다면 '이것은 그 사람의 숙제'라고 생각하고 빨리 기분을 전환하는 것이 바람직합니다.

말걸기 132 [응용]

BEFORE 왜 "그만해"라고 안 해?

AFTER 그럴 땐 "○○라는 말을 들으면 ~하니까 그만해"라고 말하는 게 좋아

★POINT 분명하게 전달하기 위해서는 구체적인 말로 조언을!

이번에는 반대로, 우리 아이가 친구에게 기분 나쁜 말을 들었을 때입니다. 비록 악의가 없었다 하더라도 확실하게 말해주지 않으면 깨닫지 못하는 아이가 있으니 분명하게 말해줘야 합니다.

또 단순히 "그만해!"라고 말하는 것만으로는 무엇을 어느 정도 그만하라는 것인지 모르거나 "진짜 싫어!"라고 화를 내도 왜 화를 내는지 모르는 아이도 있습니다.

만약 아이가 친구의 말이나 행동 때문에 힘들어할 때는 구체적인 '대사'로 조언해주는 것이 좋습니다. 이때는 '상대의 어떤 말(행동)이 자신에게 어떤 기분이 들게 하는지'를 구체적으로 전달하는 것이 포인트입니다.

한 번 얘기해서 알아듣지 못하는 친구가 있다면, 계속해서 아이 자신의 기분을 말해야 합니다. 그렇게 하면 상대 아이도 서서히 자신과의 시각 차이를 이해하게 될 겁니다.

친구를 너무 배려하여 어느 한쪽이 일방적으로 자신의 감정을 억제하고 참을 필요는 없습니다. 어른이 되면 자신에게 확실하게 말해주는 사람이 줄어들게 됩니다. 내 아이에게 '확실하게 말해주는 것이 배려이고 친절'이라고 알려주세요. 만약 그 상대가 진정한 친구라면 이해하고 받아들여줄 겁니다.

다양한 시각, 사고방식을 접하게 하자

아이가 상대의 기분이나 생각의 차이를 가늠할 수 있으려면, 평상시 부모와의 대화를 통해 세상에는 다양한 시각과 사고방식이 있다는 사실을 깨달아야 합니다. 또 책이나 뉴스를 통해서도 시야와 견문을 넓힐 수 있으므로, 사람과의 관계에 서툰 아이에게는 이 방법도 도움됩니다.

부모와 아이가 일상생활이나 세상 어딘가에서 일어나는 사건에 대해 이야기할 때, 그곳의 사정이나 그들의 사고방식을 추측해보는 것도 좋은 방법입니다(다만, 단정 짓지 않을 것).

"엄마는 아무렇지도 않은데 사람에 따라서는 기분이 나쁠 수도 있겠네", "우리나라에서는 괜찮은데 다른 나라에서는 문제가 될 수도 있겠다"라고 여러 판단 방법이나 문화적 배경이 있을 수 있다는 점을 알려주면 아이의 판단에 도움이 됩니다.

하지만 점쟁이처럼 다른 사람의 마음을 맞히는 일은 누구도 할 수 없습니다. 자신의 마음은 본인 이외에는 알 수 없기 때문입니다(때로는 본인조차 자신의 마음을 모를 때가 있습니다).

그럼에도 다른 사람의 기분을 상상하고 이해하려는 노력은 필요합니다. '다른 사람에게는 나와 다른 마음이 있구나'라는 사실을 깨닫는 것이 중요하기 때문이지요.

아이는 자신이 세상의 중심에 있었던 갓난아기 때부터 점차 자라, 사춘기 무렵에는 사람마다 느끼는 방법과 사고방식에 차이가 있다는 것을 알게 됩니다.

그렇게 자신과 타인과의 선 긋기를 반복하면서 이해하기도 하고 오해하기도 하며, 약간의 쓸쓸함을 느끼면서 어른이 되어가는 건 아닐까 생각해봅니다.

부끄러운 행동을 알려주는 말

말걸기 133 [기본]

BEFORE ▶ 그런 건 부끄러운 행동이야

- -

AFTER ▶ 초등학생이 그런 행동을 하면 ~라고 생각할 수도 있어

- -

★POINT 일반적인 사고방식이나 사물을 보는 방법은 지식으로 가르친다

　　가끔은 부모가 '내 아이도 이 정도면 괜찮다'라고 생각하더라도, 주위 사람들이 그렇게 생각하지 않을 수 있습니다.

　어릴 땐 허용해주지만 조금 크면 봐주지 않는 경우가 생기기도 합니다. 특히 주변 분위기를 잘 파악하지 못하는 아이는 세상의 시선이 변하는 것을 알아차리지 못해 트러블을 만들기도 합니다.

　다른 사람의 시선을 신경 쓰지 않는 아이나 다양한 이유로 일반상식을 자연스럽게 익히지 못하는 아이에게는 "이런 행동(태도)은 이렇게 받아들여지기 쉬워", "그런 행동은 5살이라면 '귀엽다'라고 해주겠지만 10살이 그런 행동을 하면 '이상한 사람'이라고 생각할 거야"라며, 일반적으로 주위 사람들에게 어떻게 받아들여지는지 확실하게 알려줘서 지식이 되도록 도와주는 게 바람직합니다.

　세상의 눈을 너무 의식해도 숨이 막히기는 하지만, 이렇게 지식을 쌓아 두면 '몰랐다'라는 이유로 생기는 불이익은 사전에 막을 수 있을 것입니다.

말걸기 134 [응용]

BEFORE 그런 행동을 하면 한심하다고 생각할 거야

AFTER 으음, 그렇구나

★POINT 상식은 알아 두면 손해는 없지만, 절대적인 것은 아니다

상식은 지식으로 알아두면 손해 볼 것은 없지만, 반드시 그대로 할 필요도 없습니다. 아이가 어느 정도 크면 알고 한 행동에 대해서는 자신이 스스로 책임져야 합니다.

예를 들어 중학생 아이가 교복 셔츠를 바지 밖으로 꺼내 입은 모습이 신경 쓰여 "셔츠를 제대로 넣어 입지 않으면 사람들이 단정하지 못하다고 생각할 거야"라고, 부모가 사람들의 일반적인 시선을 알려줘도 "괜찮아, 나는 이게 편해!"라며 말을 듣지 않는 경우가 있죠(본인은 내심 셔츠를 꺼내 입는 것을 멋있다고 생각할 겁니다).

장소를 가리지 않고 주위 사람들에게 민폐를 끼칠 때에는 '배려와 약속을 익히는 말'(Step 66), '행동의 결과를 예측하게 하는 말'(Step 67)을 사전에 아이와 이야기하는 것이 좋습니다.

하지만 아무에게도 피해가 가지 않는 경우, '상식이 무엇인지 알지만 굳이 그렇게 하지 않겠다'고 본인의 의지가 있으면 그것을 존중하고

"으음, 그렇구나"라고 가볍게 넘겨주세요. 그 결과, 학생지도 선생님에게 야단을 맞았다고 하더라도 그것은 '자기 책임'입니다.

부모의 '상식 능력'에 자신이 없을 때는 함께 배운다

아이에게 상식을 가르치고 싶어도 부모가 상식에 자신이 없을 때는 다음과 같은 방법으로 아이와 함께 배우면 됩니다. '상식'을 다시 배워보면 몰랐던 점을 새롭게 알게 되는 경우가 의외로 많습니다.

- 매너나 일반상식에 관한 책, 동영상을 아이와 함께 읽고 본다.
- 아이와 함께 설문 결과 등을 참고하여 '이렇게 생각하는 사람이 70% 정도 있구나'라며, 일반적인 감각을 데이터로 배운다.
- 가까운 사람 중에 사회적 상식을 많이 아는 사람에게 '이럴 때는 어떻게 해야 하는지' 묻는다.

뉴욕 브라더 법칙

만약 어른이 길 한복판에서 콧노래를 부르며 춤을 추고 있다면, 보통 그 사람을 피해 가겠지만 다른 환경에서는 '일상적인 풍경'일지도 모릅니다.

20년 전, 제가 대학을 휴학하고 미국을 여행하던 때의 일입니다. 수많은 사람들이 지나다니는 뉴욕의 거리 한복판에서 카세트 라디오를 큰 소리로 켜 놓고 경쾌한 스텝으로 신나게 춤을 추는 사람이 있었습니다. 그 사람이 춤을 추든 말든 사람들은 전혀 아랑곳하지 않고 그 앞을 지나다녔습니다. 저는 그 광경을 보고 당시 꽤 큰 충격을 받았습니다.

그런데 최근 인터넷을 보니, 일본의 번화가에서 포켓몬 인형 탈을 쓰고 걷는 것이 '일상 풍경'으로 된 것에 외국인이 충격을 받는다고 합니다. 자신이 믿어왔던 '상식, 비상식'도 절대적이 아니라 환경이나 시대의 흐름에 따라 변화한다는 점을 알아야 합니다.

Step 77

장점과 단점을 함께 생각하는 말

말걸기 135 [기본]

BEFORE ▶ 안 돼, 안 돼. 그만해

- -

AFTER ▶ ~는 장점이지만, ~는 단점이라고 생각해

- -

★POINT 장점과 단점 모두를 판단 근거로 삼게 한다

사람은 종종 자신에게 유리한 정보만을 봅니다. 반대로 부정적인 정보만을 보고, '이것밖엔 없어!', '이렇게 할 수밖에 없어'라고 한쪽에서만 생각하는 사람도 있습니다.

장점과 단점, 모두를 객관적으로 판단하여 충분히 납득한 상태에서 판단하면 물건을 사는 것에서부터 자신의 미래를 결정하는 일까지, 결과와 상관없이 자신의 선택을 후회하는 일이 적을 겁니다.

'장점과 단점을 세트로 본다'라는 의식을 부모가 평상시에 가지고 있으면 아이도 점점 사물의 양면을 보는 눈이 길러집니다.

이러한 노력에도 불구하고 한 방향만 바라본다고 느껴지면 "그건 ~한 점은 좋지만, ~한 점은 좋지 않다고 생각해"라며 사물의 장점·단점, 이익·손해, 긍정적·부정적 면 등의 양쪽 모두를 판단 근거로 주고 본인이 스스로 결정하게 하는 것이 좋습니다.

장점과 단점을 표로 비교하기

사물을 양면에서 보는 연습을 하기 위해서는 부모와 아이가 대화를 통해 '장점·단점', '이익·손해' 등을 표로 만들어 점수를 매기고 검토하는 방법도 있습니다.

예를 들어 홈쇼핑 방송에서 마법의 프라이팬을 보고 "와! 이거 꼭 사야 해!"라고 아이가 강하게 주장할 때 이야기를 해보죠.

장점·단점 비교 예			
장점·이익·+가 되는 점	점수	단점·손해·−가 되는 점	점수
아무리 볶아도 상처가 남지 않는다.	+9	금속 이외의 뒤집개를 사용하면 된다.	−10
강한 힘으로도 구부러지지 않는다.	+8	요리할 때 그렇게 강한 힘을 주지 않는다.	−9
눌어붙지 않는다.	+9	눌어붙어 못 쓰면 그 돈으로 여러 개 사면 된다.	−10
합계	26	합계	−29

결론 : 보류하고 지금 있는 프라이팬을 못 쓰게 되면 그때 재검토한다.

이렇게 냉정하게 양면을 비교하여 검토하면 결론을 내기가 쉽습니다. 사물을 양면에서 보는 것이 익숙해지면 표를 만들지 않아도 아이가 머릿속에서 비교할 수 있게 됩니다.

콩깍지 법칙

사랑을 하면 상대 얼굴의 결점조차도 예쁘게 보입니다. 이를 '콩깍지 씌었다'라고 표현하지요. 반대로 그 사람이 싫으면 주변의 모든 것까지 싫어집니다. 이 '편견의 힘'이 본인에게 좋은 방향으로 작용하면 좋겠지만 때로는 주위 사람들에게 오해의 소지를 주기도 하고, 스스로를 벼랑 끝으로 몰아붙이기도 합니다.

예를 들어 아이가 처음에는 "친구 A의 이런 점이 싫어" 정도였다가, 상대의 결점만을 보다 보면 'A가 싫어' → '그 아이가 속해 있는 그룹의 아이들도 싫어' → '우리 반도, 학교도'로 싫어하는 대상이 확대되어 결국 혼자가 되고 마는 일이 생기기도 합니다.

또는 아이들끼리의 싸움에서 부모가 '우리 아이는 절대 잘못 없어!'라며 모든 일을 상대 아이 탓으로 돌리면 주위 사람들이 점점 거리를 두게 되고, 교무실에서는 불편한 학부모 취급을 받을 수도 있습니다.

자기도 모르게 충동적으로 프라이팬을 사는 정도면 괜찮지만, 대인관계에서 강한 편견을 가지고 있으면 그 아이나 그 사람도 똑같이 아픈 경험이나 고립을 겪게 될 수 있습니다. 더욱이 한 번 생긴 주변의 오해는 쉽게 풀리지 않습니다.

'사물을 양면에서 보기', '여러 측면에서 검증하기'를 익히기 위해서는 먼저 옷을 고를 때와 같이 작고 일상적인 일에서 시작하여 경험을 쌓아가야 합니다. 그러면 점차 복잡한 인간관계에도 응용할 수 있습니다.

작은 일에 흔들리지 않게 되는 말

> **말걸기 136 [기본]**
>
> **BEFORE** 뭐라고? 바보 취급을 당했다고?
>
> -
>
> **AFTER** 무슨 말 때문에 그렇게 생각했어?
>
> -
>
> **★POINT** 기분에 공감하면서, 사실과 의견을 구분하자

　　때로는 아이가 친구에게 웃음거리가 되거나 무시당하는 일이 발생할 수도 있습니다. 그런 상황을 알면 엄마도 침착하게 있을 수만은 없지요. 하지만 친구가 우연히 다른 이유로 웃었는데 아이가 자신을 비웃었다고 생각했을 수도 있고, 단순히 말을 건 사실을 알아차리지 못해서 친구가 대답을 못 했을 수도 있습니다.

　　이때 확인해야 할 점은 사건의 전후 상황과 구체적인 언행(사실), 아이가 그것을 어떻게 받아들였는지(의견)입니다. 먼저 '말을 부정하지 않고 듣기', '기분에 공감하기'와 같은 방법으로 아이의 마음을 이해하려고 노력합시다. 그리고 어느 정도 진정이 되면 "왜 그렇게 생각했어?"라며 사실을 확인합니다. 감정과 감각을 부정하지 말고 "그랬구나. (이런 말, 행동) 때문에 '웃었다'고 느꼈구나"라고 '사실과 의견'을 정리하면서 객관적으로 판단하도록 도움을 주어야 합니다.

사실과 의견을 구분하는 방법

사춘기 아이는 예민해서 상대하기 어려울 때가 많습니다. 특히 원래 감수성이 풍부하고 섬세한 아이나 후천적으로 실패나 질책에 대한 경험이 많아 경계심이 강한 아이는 훨씬 더 어렵습니다.

이렇게 예민한 시기에는 약간의 자극(다른 사람의 사소한 말이나 말의 표현, 잠깐 비치는 표정이나 태도)이 트러블의 계기가 됩니다. 이런 자극들은 과거의 기억에서 강한 감정을 끌어내어 극단적으로 생각하게 하거나 확대해석과 오해를 부릅니다. 이는 주변에서 오해를 하는 원인이 되거나 나쁜 일의 발단이 되기도 합니다.

심각한 사태에 이르기 전에 '사소한 착각' 단계에서부터 사실과 의견을 구분하는 연습을 하면 좋습니다. 예를 들어 다음과 같은 방법으로 사실과 의견을 구분하는 힘을 키울 수 있습니다(다만, 아이 혼자서 하면 편견을 키울 수 있기 때문에 부모나 다른 어른과 함께 할 필요가 있습니다).

- 아이가 신경 쓰이는 사건을 포스트잇이나 메모장에 써서 '사실', '자신의 의견', '제3자의 의견'으로 구분한다.
- 평소에 TV 뉴스 해설이나 신문 칼럼 등을 보면서 "이것은 사실일까? 아니면 이 사람의 의견일까?"라고 대화를 하며 함께 생각한다.
- 사실 문장과 의견 문장을 구분하는 국어 수업을 통해 논리력을 키우고 관련 문제집을 푼다.

섣불리 일반화하지 않는 말

> **말걸기 137 [기본]**
>
> **BEFORE** ▶ 그건 너무 지나친 생각이야!
> -
> **AFTER** ▶ 모두라고? 예를 들어 누구와 누구?
> -
> **★POINT** 시야를 넓혀서 '전체'를 보는 노력을 한다

아이가 힘들어하고 있을 때에는 한 가지 일이 머릿속에 가득 차 있어서 다른 정보가 눈에 들어오지 않습니다. 비록 사실이라도 돋보기로 관찰하듯이 그 부분만을 확대해서 계속 보다 보면 마음의 시야가 좁아지게 됩니다.

이때 '부분'과 '전체'의 관점을 유연하게 전환하면 필요 이상으로 고민하지 않아도 됩니다. 예를 들어 아이가 "모두가 나를 놀려"라고 하소연할 때, 반 아이들 전원인지 아니면 일부인지에 따라 상황은 크게 달라집니다. 먼저 "모두라고 하면 누구와 누구?"라고 구체적으로 확인해야 합니다.

물론 일부에게라도 안 좋은 일을 당했다면 마음에 상처가 생긴 것은 사실이기에 아이의 마음을 충분히 헤아려주세요. 그러면서도 "다른 친구들은 어떻게 했어?", "너에게 나쁜 짓을 하지 않은 친구는 누구야?"라

CHAPTER 6 사회성을 키우는 말걸기

며 '그 외'나 '전체'의 정보에도 관심을 보여야 합니다(물론, 정말 심각한 상태일 때는 바로 학교폭력 신고를 해야 합니다).

말걸기 138 [응용]

BEFORE	괜찮으니까 학교 가!
AFTER	그렇구나… ○○초등학교가 싫은 거지?
★POINT	일반화된 '전체'를 '부분'으로 정정한다

　　　　　아이가 학교에서 안 좋은 일이나 실패 경험을 반복하게 되면 '학교'나 '모두'와 같은 '전체'에 부정적인 이미지를 가지게 될 수 있습니다.

그럴 때는 먼저 아이의 기분을 부정하지 말고 충분히 받아주는 것이 중요합니다. 그런 후에 "학교가 싫어" → "○○초등학교가 싫은 거지?", "모두가 나를 놀려" → "A하고 B가 '○○'이라고 놀리는 거지?"와 같이 넓혀진 '전체'를 구체적인 사실의 '부분'으로 정정해 다시 말하게 해야 합니다.

지금 다니는 학교만이 '학교'의 전부가 아닌데, '모두'라는 단어로 한데 묶어버리면 그 중의 개별적인 '긍정의 존재', '무해한 존재'마저 보이지 않게 되는 문제가 발생하기 때문입니다.

아이가 부분만을 보고 있을 때는 전체로 시선을 돌릴 수 있도록 하고, 이미지가 전체로 확대되면 부분에 주목할 수 있도록 마음의 유연성을 높이는 것이 포인트입니다.

이렇게 부분과 전체의 시점을 능숙하게 전환할 수 있도록 부모가 이끌어주면, 점점 마음 조절이 능숙해져서 자신을 몰아세우는 일이 줄어들고, 문제해결 방법을 좀 더 쉽게 발견할 수 있습니다.

육 아 의 법 칙

낱개 포장 과자의 법칙

요즘은 낱개 포장이나 소량 팩에 들어 있는 과자가 다양하게 나와 있습니다. 저도 아이들이 없을 때 과자 한 봉지를 통째로 독차지하는 것은 조금 미안하지만, 소량 팩에 들어 있는 과자는 '뭐 이 정도는 괜찮잖아'라고 생각하게 됩니다.

인간관계도 마찬가지입니다. '전체'에 대해 부정적인 이미지가 만들어졌을 때는 '낱개 포장', 다시 말해 각각으로 쪼개면 의외로 간단히 먹을 수 있기도 합니다.

예를 들어 엄마들 모임에서 '저 사람들은 항상 자기들끼리만 모여서 소곤거리는 게 왠지 기분이 안 좋다'라고 생각했다가도 한 사람 한 사람 개별로 만나보면 '○○ 씨는 의외로 말이 통하는 사람이다'라고 느끼는 일도 꽤 있습니다.

집단에 속해 있으면 그곳에서의 역할이 있지만, 전체라는 포장을 벗겨내면 개개인의 개성이 보이게 됩니다.

낱개 포장으로 나누어 생각하는 방법은 '여러분'이나 '○○그룹'과 같이 하나로 묶지 않고 '○○ 씨'라고 한 사람씩 이름을 불러주는 것과 같습니다.

말이 전해지지 않을 때는 감각적인 접근이 필요하다

아이가(어른도) 자신을 안 좋은 방향으로 몰아세우고 있을 때는 스스로 부정적인 사고에서 빠져 나오기가 정말 힘듭니다.

이럴 땐 주위 사람들이 무슨 말을 해도 와 닿지 않아서 유연한 시점으로 전환하는 것이 쉽지 않습니다(그러므로 평소에 열린 관점을 쌓는 것이 중요하지요!).

이 경우, 간식 타임, 창문 열기, 산책 등을 통해 물리적으로 시야를 넓혀서 자연스럽게 주변에 시선이 갈 수 있도록 감각적인 접근을 시도해보는 것도 좋은 방법입니다.

적당한 타협을 알아가는 말

> **말걸기 139 [기본]**
>
> **BEFORE** 그렇게 하나하나 신경 쓰다가는 계속하기 힘들어
>
> **AFTER** (양보해줘서) 고마워
>
> **★POINT** 아이가 양보해준 일을 아주 조금이라도 놓치지 마라

앞에서 나온 '고마움을 쉽게 전하는 말'(Step 23), '고집을 누그러뜨리는 말'(Step 62), '인내력에 상을 주는 말'(Step 63)을 지속해서 실천하면 부모와 아이 사이에 '대화해볼 여지'가 생겼으리라 생각합니다.

여기서 한 걸음 더 인간관계를 원활히 만드는 요령은 서로 아주 조금이라도 합의할 수 있었던 일을 놓치지 않고 "(양보해줘서) 고마워"라고 매번 고마움을 전하는 것입니다.

특히 고집스럽고 완벽주의적인 아이는 다른 사람에게 양보하거나 남과 타협하는 것을 마치 자신의 완성된 세계를 해킹당하는 거라고 생각해서 힘들어합니다.

완벽함을 추구하는 '일체 양보하지 않고, 절대로 타협하지 않는다'라는 자세는 완성도 높게 일을 처리하는 능력이 되기도 하지만, 인간관

CHAPTER 6 사회성을 키우는 말걸기

285

계에서는 '저 사람은 전혀 말이 안 통한다'라는 인상을 줘서 거리를 두게 하는 원인이 되기도 합니다. 인간관계에서는 타협점 찾기를 계속 연습하면 장점으로 활용할 수 있습니다.

말걸기 140 [응용]

BEFORE 참 희한한 일도 다 있구나

AFTER 싫지만 해내는 것은 대단한 일이야

★POINT 아주 조금의 인내와 타협이 '현실적인 적응력'

정리나 숙제와 같이 아이가 별로 좋아하지 않고 잘하지 못하는 일에 대해서도, 아이가 "싫지만 할게", "귀찮지만 어쩔 수 없지"라는 말을 한다면 부모는 조금은 안심해도 됩니다.

왜냐하면 미래에 운 좋게 자신이 좋아하는 일이나 잘하는 일을 직업으로 가졌다 하더라도 싫은 일, 못하는 일도 해야 할 때가 있기 때문입니다. 예를 들어 다른 사람과 얘기하는 게 서툴면서 하나의 일에 차분히 임할 줄 아는 아이는 연구자에 적합하지만, 그래도 하루 종일 연구실에서 연구에만 묵묵히 몰두할 수가 없습니다.

현실적으로는 다른 사람과의 최소한의 커뮤니케이션이나 사무, 잡무, 물건 관리도 함께 하지 않으면 안 됩니다(이것은 저와 같이 재택근무를 하는 사람도 마찬가지입니다).

그러므로 자신이 하고 싶은 일을 하기 위해서는 아주 조금이라도 싫

어하는 일, 잘하지 못하는 일도 참고 타협할 수 있는 힘이 '현실적인 적
응력'이라 말할 수 있습니다. 그러니 아이가 마지못해서라도 약간의 인
내와 타협을 해내면 부모는 칭찬하고 기뻐해줘야 합니다.

찹쌀떡과 전병 법칙

사춘기에 주변 사람들이(심지어는 자기 자신도) 과도한 기대를 하면 '0 아니
면 100'처럼 극단적인 사고에 빠지기 쉽습니다. 예를 들어 '학교에 가든
지 자살하든지', '명문대에 떨어지면 인생 끝'과 같이 극단적인 선택밖에
는 생각하지 못하거나, 쉽게 오해하고 곡해하거나, 적응장애나 우울증
등의 마음의 병에 걸리기 쉽습니다.

이런 극단적인 사고가 만들어지는 것을 피하기 위해서는 '약간의 타
협', '불완전함', '대충', '중간의 선택지' 등을 어느 정도 수용할 수 있는
찹쌀떡과 같은 마음을 아이에게 키워줄 필요가 있습니다.

비록 아이의 마음이 딱딱하게 굳어 있다 하더라도 부모나 주위의 어
른들이 "고마워", "○○해준 것만도 많이 노력한 거야"라고 따뜻하게 격
려해주면 아이의 마음도 달라집니다.

그리고 조금 실패하고 넘어져도 "괜찮아", "뭐 어쩔 수 없지", "어떻게
든 되겠지"라고 대범하게 받아들이면 '겉은 바삭, 속은 말랑'한, 강함과
유연함을 겸비한 찹쌀떡이 될지도 모릅니다.

Q ▸ 외동이라 응석받이로 자라서 그런지 중학교에 가서
등교 거부 기미가 보입니다. 주변 아이들은 점점 어른스러워지는데….

A ▸ 이상과 현실의 균형을 잡으며 서서히 손을 떼도록 도와줍니다.

우선, 아이들은 사춘기가 되면 '모든 일이 자신의 생각대로 되지 않는다', '부모가 칭찬해줘도 그건 가족이니까'라고 생각하기 시작합니다. 하지만 자연스러운 일이니 걱정하지 마세요.

부모가 아이에게 분명하게 애정을 주며 키우는 것은 아주 훌륭한 일이라 생각합니다. 그러나 (외동뿐만 아니라) 주변 사람들이 뭐든지 아이에게 맞춰주거나 아이가 항상 어른들의 도움만 받으면 자존감이나 자기긍정감은 커져도 현실 인식력은 낮고, 스스로 할 수 있다는 자기효능감이 생기지 않을 수 있습니다.

그러면 이상적인 '나'와 현실의 실력 차이가 너무 벌어져서 학교생활에 불만이 생기게 되고 그로 인해 대등한 친구 관계가 생성되기 힘듭니다. 분명 아이 자신은 사람들이 자기 마음을 몰라준다고 답답해할지 모릅니다. 이를 극복하기 위해서는 현실을 직시하고 이상적인 '나'와 서서히 멀어지게 도와줘야 합니다. 괜찮습니다. 아이는 뿌리가 튼튼한 강한 존재이니까요.

상대의 마음을 살피게 되는 말

말걸기 141 [기본]

BEFORE 네 맘대로 쓰지 마!

AFTER 점원에게 "써도 되나요?"라고 물어봐

★POINT 작은 일에도 물어보는 연습을 하자

　　유난히 자기중심적이고 제멋대로 행동하는 아이가 있습니다. 이는 자기주장이 분명하다거나 행동력이 있다는 장점이기도 합니다. 하지만, 다른 사람의 기분이나 상황을 전혀 고려하지 않으면 비록 리더나 개혁가가 되더라도 주위 사람들이 따라주지 않습니다.

　　이런 아이에게는 평소에 상대의 상태를 묻게 하면 장점을 살릴 기회가 늘어납니다. 예를 들어 음식점에서 비어 있는 옆 테이블의 의자를 사용해야 할 때, 아무 말 없이 사용하지 않고 일단 "이 의자 사용해도 될까요?"라며 묻고 허락을 받도록 하는 것이죠. 작은 일에도 상대의 의견을 묻는 연습은 아이의 사회성 향상에 중요한 역할을 합니다.

CHAPTER 6 사회성을 키우는 말걸기　　　　　　　　　　289

모르면 묻는 연습을 하게 도와준다

분위기 파악을 못 하는 아이나 주변 상황에 둔감한 아이는 '모르면 묻기'라는 간단한 연습을 하면 나중에 도움이 됩니다.

암묵적 룰, TPO(시간·장소·사건), 상대의 기분 등을 열심히 생각하고 인터넷 검색을 해도 모르겠다면 상대에게 직접 물어보면 됩니다. 처음에는 부모가 누구에게 뭐라고 물어보면 좋을지 조언을 하면서 익숙해질 때까지 도움을 주어야 합니다.

이것만 할 수 있으면 불필요한 트러블이 훨씬 줄어들어 아이의 신뢰도가 좋아질 수 있습니다. 분위기 파악을 잘하지 못하는 것을 오히려 장점으로 활용할 수 있도록 해보세요. 예를 들어 다음과 같이 말로 상대의 생각을 (스마트하게) 물을 수 있습니다.

상대의 생각을 묻는 말

"지금, ○○해도 될까요?" (타이밍 묻기)

"어떤 복장으로 가면 되나요?" (TPO를 묻기)

"이렇게 하면 될까요?" (확인 받기)

"시간 괜찮으세요? 지금 얘기해도 될까요?" (상대의 일정을 배려하기)

"○○님은 어떻게 생각하세요?" (상대의 기분과 생각을 묻기)

"어느 쪽이 좋으세요?" (상대가 선호하는 것을 선택하게 하기)

생떼가 아닌 설득을 가르치는 말

> **말걸기 142 [기본]**
>
> **BEFORE** ▶ 그건 안 돼, 절대 안 돼!
> -
> **AFTER** ▶ ○○하는 대신에 ○○해줄까?
> -
> **★POINT** '말하면 이해해준다'라는 경험을 쌓는다

　　'문제행동의 패턴을 깨는 말'(Step 61)에서 '포기 상태가 되기 전과 후에 주목하면 할 수 있는 게 있다'라고 했습니다. 이를 응용하면 트러블을 사전에 원만하게 해결할 수 있습니다.

　　이 요령을 익히기 위해서는 먼저 부모가 설득하는 시범을 보여줘야 합니다. '설득'이라고 하니 조금 어려워 보이지만 결국은 '대화'입니다. 설득을 통해 '이야기하면 상대가 이해해준다'라는 경험을 쌓으면 인간관계에서 필요 이상으로 벽을 느끼는 일이 줄어들게 됩니다.

　　예를 들어, 아이가 가지고 싶어 하는 것이나 하고 싶어 하는 것이 있을 때, 처음부터 "안 돼!"라고 무조건 뿌리치지 말고 실현 가능한 조건을 내서 최종적으로 서로 납득할 수 있는 결론이 나올 때까지 부모와 아이가 함께 이야기하면 됩니다.

말걸기 143 [응용]

BEFORE 이러쿵저러쿵하지 마!
- -
AFTER 지금은 ○○ 때문에 할 수 없어. 그러니 도와줄래?

★POINT 어른에게 말하듯 성심성의껏 '안 되는 이유'를 설명하자

      아이의 희망사항을 들어주고 싶어도 부모의 사정 때문에 들어줄 수 없는 경우도 있습니다. 그럴 때 아이가 이러쿵저러쿵 불만을 말하면 입을 막고 싶어집니다. 이때 납득할 수 있는 이유를 설명하고, 결과 예측과 인과관계를 알려주기를 반복하면 좋은 결과가 나올 겁니다.

    어쩔 수 없이 아이의 요구를 거절할 때는 미안하다는 자세로 성심성의껏, 친절하고 공손하게 '안 되는 이유'를 설명하고 협력을 구하세요. 아이가 어느 정도 크면 기분 전환용으로 애니메이션을 보여주는 눈속임은 더 이상 통하지 않습니다!

    어느덧 어린아이에서 부모와 대등한 '한 명의 인간'으로 대해야 하는 시기가 왔는지도 모릅니다. 가지고 싶은 것뿐만 아니라 아이의 주장을 강압적으로 억누르고 싶어진다면, '만약 아이가 동료 ○○이었다면 내가 어떻게 말했을까'라고 생각해보세요. 아이를 친구나 직장 동료라고 생각하고 말하기 방법을 생각해보면 됩니다. 성실한 태도로 정중하게 이야기하면 아이도 분명 이해해줄 겁니다.

BEFORE 그 정도면 들어줄게

AFTER 이번에는 안 돼

★POINT 투덜거려도 들어주지 말고, 각오를 다지게 한다

아이의 부당한 요구나 과도한 요구를 부모가 들어주거나, 원래 자신이 해야 하는 일인데 귀찮다는 이유로 하지 않아서 이득을 얻었다는 생각이 들게 해서는 안 됩니다.

투덜거리거나 떼를 쓰고 소란 피워서 원하는 것을 얻어내면 아이의 요구나 부적절한 행동은 점점 더 심해집니다. 부모가 아무리 불평불만을 해결해주고, 부담을 갖지 않게 노력하고 배려하며, 힘든 일을 도와준다 하더라도 양보할 수 없는 것만큼은 단호하고 엄격하게 선을 그어줘야 합니다.

이때, "조금만 참자", "이번에는 안 돼", "그것만큼은 안 돼"라고 진지하게 말해서 각오하게 해야 합니다. 그 결과 아이가 자신의 의무와 책임을 다하면 더 많이 칭찬하고 고마움을 전하도록 합시다.

Q ▶ 아이에게 발달장애가 있어 중학교까지 특수반과 보통반 모두에서

수업을 받았습니다. 그런데 졸업 이후에는 어떻게 해야 할지 불안합니다.

A ▶ '말하면 알아듣는 사람'이 되는 것이 자립의 열쇠입니다.

고민이 많으셨겠습니다. 상황이 조금씩 좋아진다고 해도 발달장애 아이를 위한 현실적인 지원이 부족한 상황이어서 부모님들이 불안해하는 것이 당연합니다.

그런데 학교 교육도 중요하지만 학습 이외의 '자립에 필요한 교육'을 가정이나 외부 도움을 통해 지속해 나가는 일이 정말 중요합니다. 가정에서는 요리나 쇼핑, 금전 관리 등의 최소한의 생활 스킬이 익숙해질 때까지 부모가 인내심을 가지고 함께해줘야 합니다.

그리고 아이가 성인이 될 때까지(또는 성인이 된 후에도), '말하면 알아듣는 사람'이 될 수 있도록 노력해야 합니다. 이를 위해서는 일상생활에서 지속적으로 아이가 대화를 통해 타협과 양보를 배울 수 있도록 하는 것이 중요합니다(교내 상담교사나 의료, 지원기관, 민간기관 등의 도움도 받을 수 있습니다).

어떤 직업을 갖더라도 '전혀 말이 통하지 않는 사람'이면 인간관계가 힘들어집니다. 하지만 어느 정도 '말하면 알아듣는 사람'이 되면 조금 개성적이더라도 어떻게든 살아갈 수 있습니다.

필요한 거절을 배우는 말

> **말걸기 145 [기본]**
>
> **BEFORE** 싫으면 싫다고 말하면 되지 않아?
> -
> **AFTER** (장난치며) 아침에 먹을 식빵이 없는데, 식판은 어때?
> -
> **★POINT** 작은 일부터 "싫어"라고 말할 수 있게 하자

　　성격이 너무 온순하고 자신의 기분이나 상황을 우선시하지 못하는 아이는 얼핏 보면 아무 문제없이 학교생활을 하는 것처럼 보입니다. 하지만 말하지 못하는 감정을 마음속에 담아 두거나 부모나 선생님에게 걱정을 끼치지 않기 위해 스트레스나 문제를 혼자서 끌어안고 고민하는 일이 생기기도 합니다.

　　이런 경우 말을 부정하지 않고 듣기, 기분에 공감하기와 같은 방법을 지속적으로 실천하여 '어떤 마음을 가지든 문제되지 않는다'라는 생각을 아이가 갖게 되면 점점 자신의 감정을 쉽게 겉으로 드러낼 수 있게 됩니다.

　　만약 아이가 친구들에게 싫다는 말을 하지 못하고 고민한다면 먼저 가정에서 사소한 일부터 "싫어"라는 표현을 하는 연습을 시키면 도움이 됩니다. 예를 들어 아침밥으로 아이에게 무엇을 먹고 싶은지 물을

때, 일부러 "식빵이 없는데 식판은 어때?"라고 말도 안 되는 소리를 해서 "싫어!"라는 말을 이끄는 것이죠.

아이의 고민에는 부모의 시범이 효과가 있다

아이가 미움받는 게 무서워서 싫은 일을 거절하지 못하는 경우도 허용 범위의 선을 긋기, 이해할 수 있는 이유를 설명하기와 같은 방법으로 부모가 시범을 보여주면 아이가 행동하기 쉬워집니다.

아이에 대한 부모의 말걸기와 같이, 아이도 친구의 부탁을 거절할 때 정중하고 성실한 태도로 거절하는 이유를 설명하거나 허용 범위를 명확하게 제시하면 친구가 이해하기 쉽습니다.

이때, "대신 이건 할 수 있어", "지금은 하기 힘들지만 ○요일에는 할 수 있어"라며 대안을 제시하면 더욱 좋습니다. 아이가 이런 제안을 할 수 있도록 이끌어주세요. 아이가 부모의 가르침을 바로 적용하지 못하더라도 부모의 시범은 훗날 도움이 됩니다.

만약 아이가 거절하는 상대가 진정한 친구라면 정중하고 성실하게 이유를 설명했을 때 분명 이해해줄 것입니다. 거절을 당하고 나서 태도가 돌변하는 친구라면 '그런 사람에게 미움을 받아도 상관없다'라고 생각할 수 있게 해주세요. 평상시에 애정을 담아 아이를 가르치면 나중에 어른이 되어서도 사람에게 쉽게 이용당하지 않을 거예요.

Step 84

사과하는 법을 배우는 말

> **말걸기 146 [기본]**
>
> **BEFORE** 됐으니까 ○○한테 사과해!
>
> --
>
> **AFTER** 도대체 왜 그랬어? / 어떻게 하면 좋을까?
>
> --
>
> **★POINT** 문제가 없는 아이라는 걸 전제로 아이의 반성을 돕는다

부모가 '마음의 상처를 남기지 않는 말'(Step 21)로 사과하는 모습을 지속적으로 보여주면 아이도 떼를 쓰지 않고 쉽게 사과합니다. 또 '해서는 안 되는 행동'을 매번 알려주면 사물에 대한 판단 기준도 함께 키울 수 있습니다.

그런데 아이가 자존심이 강해 머리로는 알고 있지만 솔직하게 사과하지 못하는 경우도 있습니다. 이럴 때는 강제로 "됐으니까 사과해!"라며 부모가 억지로 머리를 누르며 사과하게 해도 본인은 전혀 납득하지 못합니다.

먼저 "(너는 원래 그런 행동을 할 아이가 아닌데 정말 어쩔 수 없는 이유가 있었나 보구나.) 도대체 왜 그랬어?"라며 물어보세요. 문제가 없는 아이라는 사실을 전제로 해서 아이의 이야기를 들어주면 아이도 자신을 객관화하고 반성하기 쉬워집니다.

그리고 아이가 진정이 되면 "어떻게 하면 좋을까?"라고 본인에게 다음 행동을 물어보면 됩니다.

아이가 주먹을 썼을 때는 일단 사과가 우선이다

만약 아이들끼리 싸움을 벌였는데 우리 아이 이야기만 듣고 '그건 우리 애가 화를 낼 만했네', '상대 애도 잘못했네'라고 생각되더라도 아이가 주먹을 썼다면 잘못입니다.

부모가 아이의 편이 되어주는 것은 꼭 필요한 일이지만, 아이가 말하는 것을 모두 사실로 받아들여서는 안 되고, 무엇보다 어떤 이유가 있든지 폭력은 안 됩니다.

특히 아이의 몸이 성장하면 힘도 세져서 상대에게 큰 상처를 입힐 수도 있습니다. 어른의 경우 상해죄가 되는 행위를 부모가 직접 '안 되는 것은 안 돼'라고 알려줄 수 있는 마지막 기회일지도 모릅니다(폭력의 정도에 따라 아이도 처벌을 받을 수 있습니다).

어쨌든 우리 아이가 주먹을 휘둘렀다면 사과해야 한다는 생각을 가져야 합니다. 그리고 아이가 순순히 사과하지 않을 경우에는 "함께 사과하러 가자"라고 손을 잡고 이끌어서라도 상대의 집까지 가야 합니다 (또는 학교를 통해 장소를 정합니다).

이때, 먼저 상대의 이야기를 '정중하고, 성실하게, 끝까지' 듣는 것이 중요합니다. 반론하지 말고 "그러시군요"라며 상대 부모의 눈을 마주치며 공감하는 표정으로 이야기가 완전히 끝날 때까지 들어야 합니다(다만, 상대 부모의 이야기에 사실과 다른 점이 있으면 메모해서 대화를 기록으로 남기고, 나중에 담임선생님과 상담하세요).

그리고 상대 아이에게 "때려서 정말로 미안해"라고 아이와 함께 고개 숙여 사과를 하세요. 이런 모습을 통해 아이에게 '사과하는 법'의 시범을 보여주는 것도 교육의 일부입니다.

걸어오는 싸움을 피하기 위해서는 요령이 필요하다

또래 남자아이들 사이에서는 일부러 도발을 해서 싸움을 걸어오기도 합니다. 그런 일에 휘말려 싸움을 하다 상대를 때리는 일도 발생할 수 있습니다. 그런데 이런 이유로 정학이나 퇴학을 당하면 억울하기도 할 겁니다.

애초에 상대가 도발하지 않았으면 좋겠지만 타인의 행동은 예측이 불가능합니다. 걸어오는 싸움을 피하려면 '다음에 도발해왔을 때 자신이 할 수 있는 일'을 미리 정해 놓으면 도움이 됩니다. 그러기 위해서는 먼저 부모가 '문제행동의 패턴을 깨는 말'(Step 61)을 응용하여 싸움 전후의 구체적인 상황을 잘 듣고 일련의 흐름을 '계기, 행동, 결과'로 구분해야 합니다.

이때 종이에 '순서도'로 사건의 흐름이 보이도록 하여 객관적으로 분석할 수 있도록 하세요. 얼핏 보면 도발적인 싸움으로 보여도 거기에는 반드시 평소 양쪽의 불만이 축적되어 있습니다. 그것이 폭발하여 싸움으로 발전합니다.

그리고 행동의 분기점에서 다른 방향으로 진행하는 선택지를 부모와 함께 생각합니다. 포인트는 도발에 대해 '해도 되는 행동'을 구체적으로 나타내는 것입니다. "도발에 반응하면 안 돼!", "욱하면 안 돼"라는 주의를 들었더라도 어떻게 해야 할지 모르면 당시에는 참을 수밖에 없으며, 그것이 결국엔 폭발하게 됩니다. 게다가 계속 참고 있으면 상대도 한계를 확인하듯 집요하게 도발의 강도를 높일 수도 있습니다.

"만약 '○○'이라는 말을 들으면 무시하고 그 장소에서 떠나야 해", "만약 욱하는 기분이 들면 일단 물을 마시러 가"라고 구체적인 행동 요령을 준비해주면 도움이 됩니다.

하지만 저희 아이의 선생님이 말씀하시길, "싸움을 하지 않는 노력보다 화해하는 것이 더 중요하다"라고 합니다. 큰 싸움이 아니라면 이후에 해결하는 것도 좋은 방법 중 하나라 생각합니다.

도움 요청하기를 익히는 말

말걸기 147 [기본]

BEFORE   그런 건 선생님한테 가서 말해

AFTER   선생님께 "~때문에 ~해서 힘들어요"라고 상담해보자

★POINT   '누구에게', '어떻게' 상담하면 되는지 알려준다

아이가 초등학생 때는 학교에서 무슨 일이 있으면 부모가 가서 사정을 말하거나, 알림장에 써서 선생님과 이야기할 수 있습니다.

하지만 중·고등학생이 되면 통상적으로 부모가 나설 수 있는 기회가 줄어들기도 하고, 의식적으로 줄일 필요도 있습니다. 성인이 된 후를 생각해서라도, 아이 자신의 노력만으로 해결할 수 없는 일이 있으면 다른 사람에게 직접 도움을 청하는 힘을 기를 수 있도록 도와줘야 합니다.

다만, "선생님에게 말씀드려"라고 말하는 것만으로는 아이가 해결하지 못할 때도 있습니다. 그러므로 처음에는 '누구에게', '어떻게' 말해야 하는지, 사전에 내용을 정리해서 구체적인 대사를 알려줄 필요가 있습니다.

그렇게 해도 아이가 스스로 상담하기 힘들 때는 부모가 나서야 합니다. "○○ 때문에 아이가 불안해하는 것 같은데 선생님께서 시간이 되실 때 아이와 상담을 해주시면 감사하겠습니다"라고 말하면서, 뒤에서 조용히 지원해서 상담할 수 있도록 해주세요.

할 수 있는 일, 할 수 없는 일을 구분한다

먼저 자신(가정)이 할 수 있는 것을 해본 후, 그래도 하기 힘든 일을 다른 사람에게 상담하여 도움을 청하는 것이 순서입니다. 그리고 상담하기 전에 '자신이 할 수 있는 일', '노력할 수 있는 일', '노력해도 하기 힘든 일'을 구분하면 편합니다.

예를 들어 불안이 심한 아이가 학교 수학여행에서 평소와 다른 장소에 숙박하는 것이 걱정일 때는 다음과 같이 구분합니다.

할 수 있는 일과 없는 일의 구분 예	
자신이 할 수 있는 일	• 숙박 장소에 대해 사전에 자세히 조사한다. • 집에서 당일의 취침 시간에 맞춰 잠을 자는 연습을 한다.
노력할 수 있는 일	• 책, 베개 등 익숙하고 친숙한 물건이 있으면 안정된다(→지참 허가를 부탁한다).
노력해도 하기 힘든 일	• 시끄러운 환경에서는 자기 어렵다(→조용한 아이와 한 방을 쓰게 해달라고 부탁한다).

이처럼 '무엇을', '어느 정도까지', '예를 들어 어떤 스타일로' 도와줘야 하는지 분명하게 정해서 상담하면 구체적인 해결책을 찾을 수 있습니다. 알기 쉽게 말할 자신이 없다면 앞의 표나 상담할 내용을 정리한 문서를 미리 준비하게 하는 것도 방법입니다.

그런데도 어려울 것 같으면 부모가 동석해도 괜찮습니다. 다만, 최대한 자신의 입으로 설명할 수 있도록 하고 부모는 보조만 해주세요.

아이가 "여기까지는 할 수 있는데 여기서부터는 힘들 것 같아요. (예를 들어 이렇게) 도와주실 수 있을까요?", "이런 방법을 허락(또는 배려, 설명)해주시면 할 수 있을 것 같아요"라고 자신이 할 수 있는 것을 본인의 언어로 제시하고 정중하게 부탁하면 선생님의 이해나 협력을 얻기가 훨씬 쉬워질 겁니다.

작은 새싹을 큰 나무로 키우는 말

> ## 말걸기 148 [기본]
>
> **BEFORE** ⟩ …
> --
> **AFTER** ⟩ 그렇게 말해줘서 기뻐
> --
> **★POINT** 작은 싹을 놓치지 말고 소중하게 키워 나가자

'고마움을 쉽게 전하는 말'(Step 23)의 '고마움의 씨앗' 찾기는 계속하고 계시나요? ('그러고 보니 깜빡했다!'라는 분은 꼭 재도전하시기 바랍니다!) 만약 부모가 아이 앞에서 지속적으로 고마워하고 아이도 사소한 일에 감사의 말을 할 수 있게 되었다면 고마움의 씨앗에 싹이 돋아난 것이니 기뻐하셔도 됩니다.

이 작은 싹을 소중하게 키워서 뿌리를 내리게 하면 그 아이의 인생을 지탱해주는 튼튼한 줄기가 자랄 것이라 생각합니다. 그렇게 하기 위해서는 아이가 "고맙습니다"라고 말하면 "기쁘다", "나도"라고 말하며 방긋 웃어주세요.

감사의 말뿐만 아니라 아이에게 좋은 방향으로 '작은 새싹'이 돋아나면 부모가 놓치지 않고 그때마다 반응을 해주는 게 중요합니다. 이런 과정을 통해 아이는 강하고 늠름하게 무럭무럭 자랄 겁니다.

씨뿌리기 법칙

부모가 아이 앞에서 말이나 행동의 시범을 보여주는 것을 저는 '씨뿌리기'와 닮았다고 생각합니다. 그렇게 아이 마음에 씨를 뿌리고 물을 주듯 오랜 시간 말을 걸어주고, 좋은 점과 잘하는 일에 주목하면서 햇볕이 좋은 곳에 두고 "사랑해", "소중해"라는 말을 계속해서 들려주면 어느 순간 작은 싹이 돋아 있는 광경을 볼 수 있습니다.

부모가 뿌리고 싶은 것은 '의욕의 씨앗', '호기심의 씨앗', '배려의 씨앗'…. 욕심을 부리면 끝이 없지만 많은 씨앗을 뿌리면 뿌릴수록 '가능성의 싹'이 돋아날 것이라 확신합니다.

다만 똑같이 씨를 뿌려도 아이들마다 싹이 나는 시기는 다릅니다. 아이가 몇 년 전 학교 여름 방학 숙제로 받아 온 나팔꽃 씨앗이 어느 날 불현듯 조그만 화분에서 싹이 돋아나는 것처럼, 한~참 흐른 후 부모가 아이 마음에 뿌린 씨앗이 싹틀 수도 있습니다.

아이를 키우는 일은 패스트푸드처럼 결과가 빨리 나오지 않습니다. 그렇지만 부모가 아이의 행복을 바라고 뿌린 씨앗과 소통에는 쓸모없는 것이 하나도 없습니다. 모든 것이 아이의 성장에 영양제가 됩니다.

가끔은 손을 떼도 좋으니, 언젠가 '아이의 자립'이란 꽃이 피는 날까지 느긋하게 씨뿌리기와 물주기를 계속하고, 햇볕이 좋은 곳에 놓아 부모와 아이가 함께 천천히 키워 나가면 됩니다.

CHAPTER 7

인정하고 포용하는
말걸기

마지막은 지금까지 정말 열심히 노력한 아이와 부모가 '그럼에도 하기 힘든 일'을 인정하고, 용서하고, 받아들이는 단계입니다. 부모가 스스로에게, 그리고 부모의 손에서 서서히 떠나고 있는 아이가 자기 자신에게 말하는 '자신을 위한 말걸기'입니다. 현실에서는 육아도, 인생도 아무리 노력해도 자기 생각대로 되지 않는 일이 많습니다. 그리고 아이에게는 자신의 의견이 있고 개성이 있으며 자기 인생이 있습니다. 부모에게도 감정이 있고 한계가 있으며 할 수 없는 일이 수없이 많습니다. 그럴 때도 자신에게 하는 말을 조금만 바꿔보면 의외로 편해질 수 있습니다.

고정된 생각에서 벗어나는 말

> **말걸기 149 [기본]**
>
> **BEFORE** 반드시 이렇게 해야 해
>
> **AFTER** 가능하면 이렇게 하고 싶다
>
> **★POINT** 완벽함을 추구하는 극단적인 말을 의식적으로 순화!

　　세상에는 '이상적인 아이', '이상적인 육아'라고 자랑하는 정보가 넘쳐나고, 선생님, 아이 친구들의 엄마, 양가 부모님 등 주변 사람의 조언과 따가운 시선이 존재합니다.

　　부모가 육아에 대해 심한 부담을 느끼면, 자기도 모르게 '반드시 이렇게 해야 해', '무슨 일이 있어도 그것은 이래야 해'라는 극단적인 생각에 빠져, 자신이나 아이를 옥죄는 결과를 낳기도 합니다. 그럴 땐 자신을 옥죄는 상황을 말에서부터 의식적으로 느슨하게 풀어줘야 합니다.

　　'학업과 스포츠 모두 뛰어난 아이', '사교성이 좋은 아이', '어디 내놓아도 부끄럽지 않은 아이'처럼 이상이나 소망이 있는 것 자체가 나쁜 게 아닙니다.

　　하지만! 그것이 '반드시', '무슨 일이 있어도' 이루어져야 한다는 생각은 피하는 게 좋습니다. 아이가 꼭 그렇게 되지 않아도 어른이 되는 데는 아무런 문제가 없습니다. '가능하면', '되도록' 이렇게 했으면, 하고 말 속에 여유를 주면 스트레스가 덜합니다.

> **말걸기 150 [응용]**
>
> **BEFORE** 항상 그렇잖아 / 아야! 역시
>
> **AFTER** 지금은 그럴지도 모르지 / 음, 그런 일도 있어
>
> **★POINT** 아이의 가능성을 닫아 두지 않는다

　　극단적인 말과 함께 멀리해야 할 말은, 단정 짓는 말입니다. 그만큼 '부모로서의 경험'이 축적되었다는 증거이기도 하지만, 아이의 실패 경험이 쌓이며 '늘', '역시', '틀림없이'라는 단어를 자주 쓴다면 주의해야 합니다. "이랬기 때문에 이럴 게 틀림없어! 이렇게 될 게 뻔해!"라는 단정 짓는 말로 아이의 다양한 성장 가능성을 좁혀 버린다면 그건 너무나 아쉬운 일입니다.

　그럴 때는 의식적으로 "지금은 그럴지도 모르지", "뭐, 그런 일도 있겠지"라며 한 발 물러서는 태도로, 아이가 무슨 일을 저질러도 우연히 그런 것인 양 마음을 다스리는 게 좋습니다.

　아이의 최대 강점은 '성장한다'는 사실입니다. 언뜻 보면 매일 같은 일을 반복하며 아무런 발전도 없는 것처럼 보일지 모르지만, 모든 아이는 매일 확실히 성장합니다.

　만약 여러분이 단정 짓는 말로 그 아이가 '못하는 일'만을 꼬집고 있

다면, "그런가?", "어쩌면", "그럴지도"라는 말로 초점을 흐리듯이 톤을 조절해 나가는 게 좋습니다.

쉽게 단정 지으려 하는 타인을 상대하는 법

부모의 인간관계인 아이 친구의 부모들, 직장 동료, 선생님, 지인 중에서 '저 사람은 다른 사람을 쉽게 판단하고 단정 짓는다'라고 느껴지는 사람도 있을 것입니다.

"절대적으로", "늘", "역시" 등이 입버릇인 사람은, 사물을 '0 아니면 100', '흰색 아니면 검정색'으로 단정 지어 파악하는 경향이 강합니다. 이는 그 사람의 타고난 기질인 경우도 있고, 후천적으로 형성된 성격일 수도 있습니다.

예를 들면, 육아에 대한 자신감이 없거나 자신의 불안했던 성장 과정, 고립되기 쉽고 스트레스가 심한 직장이나 지역 등 외골수적인 생각에 빠지기 쉬운 환경의 영향도 있습니다.

만약 상대방이 자신에게 중요한 사람이고 본인도 그 문제로 고민하는 것 같으면, 유연하게 사고할 수 있도록 '가능한 범위에서' 그를 위로하고, 환경적으로도 고립에 빠지지 않도록 도와주면 좋습니다.

하지만 그렇게까지 할 의무는 없다고 생각되는 관계의 경우, 단정짓는 정도가 적정 선을 넘는다면, 적당한 거리를 유지하여 깊이 얽히지 않는 것도 하나의 방법입니다.

예를 들면, 아이 친구의 엄마들 사이에서 "그 선생님, 꼭 이렇다니까", "그 엄마, 역시 그래"라며 제멋대로 단정 짓고 헐뜯는 자리에 우연히 함께하게 되었을 때가 있지요. 뒷담화를 계속 듣는 것도 힘들고 험담에 동의할 수도 없지만, 그렇다고 그 자리를 빠져나갈 수 없는 경우가 종종 있습니다.

그럴 때 저는 "음, 그런가~", "그래? 난 잘 모르겠는데~" 하고 부정도 긍정도 하지 않으면서, 슬쩍 적당히 넘겨 버립니다(물론 그 자리에 있는 것만으로도 멋대로 동의한 것으로 취급받는 경우도 있지만요…).

극단적으로 판단하는 사고방식을 가진 사람과는 아예 얽히지 않는 게 자신을 지키기 위한 현실적인 대응이라고 생각합니다. 하지만 그렇게 할 수 없을 땐 SNS를 포함해 '1대 1로 상대하지 않기', '밀실에서 단둘이 있지 않기'를 권합니다.

자신의 한계를 인정하는 말

> **말걸기 151 [기본]**
>
> **BEFORE** 열심히 하겠습니다
>
> **AFTER** 할 수 없습니다
>
> **★POINT** 할 수 없는 것은 '할 수 없습니다'라고 말한다

자신이 못 하는 걸 못 한다고 인정하는 것은, 매우 큰 용기가 필요한 일입니다. 하지만 유감스럽게도, 부모나 아이 모두 도저히 할 수 없는 것, 노력으로는 극복할 수 없는 일이 너무 많습니다.

그러니 "더 이상은 무리야", "내(아이)가 할 수 있는 건 여기까지야" 하며 때로는 깨끗하게 백기를 들어 버리는 것도 힘든 현실을 살아가는 데 필요한 지혜가 아닐까 생각합니다.

못 하는 것은 "못 합니다"라고 솔직하게 말해야 상대방도 다른 방법이나 대처법을 마련하고, 본인이나 아이도 못 한다고 인정을 해야 타인에게 도움을 부탁하는 등 다른 방법을 생각할 수 있으니까요.

물론 모든 걸 남에게 미루면 주변 사람의 이해와 협력도 얻기 어렵겠지요. 하지만 그때까지 자신이 할 수 있는 일을 해왔다면, 그들도 분명 이해해줄 거예요. 뭐든 혼자서만 짊어질 필요는 없습니다.

말걸기 152 [응용]

BEFORE 기대에 부응해야지!

- -

AFTER 기대에 못 미쳐서 미안합니다

- -

★POINT 상대의 과도한 요구는 정중하고 의연하게 거절한다

기대에 부응하기 위해 무조건 "열심히 하겠습니다"라고 하면 생각지 못한 부작용이 생길 수 있습니다. '이 사람은 뭐든지 들어준다'라고 오해해서 끊임없이 요구하거나, 과도한 노력을 강요하는 사람도 있고, 필요할 때만 이용하고 모르는 체하는 사람도 있습니다.

이런 기대에 부응하기 위해 살다 보면 심신이 견디지 못하고 피폐해질 수 있습니다. 뭐든지 '적당히'가 중요합니다. 자신의 한계치를 파악하여 어느 정도 선에서 멈춰야 하는지 알아야 합니다.

그러려면 '이용하기 편한 사람' 역할에서 내려와야 합니다. 자신의 한계를 넘는 상대의 과도한 요구에는 "기대에 못 미쳐서 미안합니다"라고 말하는 게 정답입니다. 정중하고 의연하게 거절하세요. 사람에 따라서는 여러분의 반응을 이해하지 못하고 욱하거나 화를 내는 사람도 있을 수 있습니다. 하지만 그것은 그 사람의 문제입니다. 그러니 자신을 탓하지 말고 태풍이 지나가기를 기다리면 됩니다.

가끔은 아이에게도 "엄마, 더 이상 하기 힘들어"라고 한계를 인정하는 모습을 보여주는 것도 교육의 일환입니다.

육 아 의 법 칙

나의 '가능한 범위 내에서' 법칙

제가 지금까지 "가능한 범위 내에서"라는 말을 반복하며 온갖 경우의 예방책처럼 계속 사용하고 있는 데는 이유가 있습니다. 그것은 부지런한 제 어머니가 과로 때문에 세상을 일찍 떠났기 때문이죠.

어머니는 24시간 연중무휴로, 명절에도 일하셨습니다. 아버지는 ASD(자폐스펙트럼장애) 경향이 있고 2차 장애로 마음의 병도 앓고 있었기 때문에, 친가의 자영업은 사실상 어머니가 혼자서 꾸려가고 있었습니다. 항상 밝고 긍정적이며 사람을 잘 챙기시는 어머니의 성품 때문에 유지될 수 있었던 장사였습니다.

게다가 어머니는 때때로 인간관계에서 트러블을 일으키는 아버지의 뒤처리도 하며, 이웃의 고민을 들어주고 반상회 임원도 맡아 활발하게 활동하셨기 때문에 주변 사람들이 많이 의지하곤 했습니다.

저는 엄마가 "못 해요"라고 말하는 것을 본 적이 없었고, 그런 엄마를 존경했습니다. 그러나 버블경제 붕괴 후 불황으로 손님이 갑자기 줄었고, 저와 여동생도 '이제 엄마도 겨우 쉴 수 있겠네'라고 생각하던 무렵 어머니가 갑자기 치매에 걸리셨습니다. 연소성 알츠하이머 치매로 병세가 빠르게 진행되어 1년도 지나지 않아 제가 누군지 몰라보고, 식물인간 상태로 7년간 병원 생활을 한 후에 쇠약해져 돌아가셨습니다.

어떤 위업도, 자신의 건강과 목숨보다 중요할 수는 없습니다. "노력은 '할 수 있는 범위 내'에서 하면 충분하다"라고 전하고 싶습니다.

안되는 일을 받아들이는 말

> **말걸기 153 [기본]**
>
> **BEFORE** ▷ 나는 왜 이런 것도 못하는 걸까
> -
> **AFTER** ▷ ○○은 못할 것 같아, 도와주세요
> -
> **★POINT** 자기 자신을 어떻게 대해야 하는지 시범을 보여준다

만약, 여기까지의 말걸기 변환을 실천해서 아이의 개성을 존중했으면 분명히 부모의 뜻이 전해졌을 것이고, 자연스레 아이가 이해하고 할 수 있는 일도 늘었겠지요. 게다가 부모와 아이의 관계도 좋은 상태를 유지할 수 있을 거라 믿는다면, 더 이상 기쁠 일이 없겠습니다.

그리고 이런 육아 경험의 축적은 '나를 대하는 방법'을 터득하기 위한 커다란 실마리가 될 것입니다. 내 아이를 잘 관찰하고, 조금이라도 잘하는 부분을 주목하고, 싫어하는 부분도 기대치를 낮춰 고민하면 아이가 잘하는 일들을 제법 발견할 수 있으리라 생각합니다. 이제 그 시선을 자기 자신에게 돌리면 부모의 삶도 편해질 겁니다.

말걸기 154 [응용]

BEFORE 글쎄, 인수분해가 뭐였더라?

AFTER 엄마도 모르겠어. 네가 찾아볼래?

★POINT 아이의 자주성을 키우는 '모르겠어'를 사용한다

아이의 자율성을 키우는 마법 같은 궁극의 주문은, 부모의 "모르겠어"라고 생각합니다. 다만, 아이가 자신감을 잃기 쉬울 때나 조금 더 상냥하게 대할 필요가 있는 아이는 부모가 갑자기 손을 떼면 좌절할 가능성도 있습니다.

2~4장을 참고로 하여, 우선 아이의 마음을 안정시키고 성취 경험을 쌓게 하면 부모가 손을 뗄 때가 되어도 아이는 쉽게 넘어지지 않습니다. 아이가 잘하는 일, 좋아하는 일, 어느 정도 익숙해진 일부터 단계적으로 손을 떼면 좋을 것입니다.

실제로 아이가 중학생 정도가 되면 숙제에 관해 물어도 "인수분해? 그게 뭐였더라?"라고 금방 대답할 수 없게 됩니다. 그럴 땐 대충 어설픈 지식을 가르치기보다 쉬운 참고서를 건네주며 솔직하게 "엄마는 잘 모르겠다. 스스로 찾아봐"라고 하는 것이 서로를 위하는 길입니다. 부모도 모르는 것, 못 하는 것, 이해하지 못하는 것이 있다는 사실을 아이에게 들켜도 괜찮습니다.

말걸기 155 [응용]

BEFORE 나도 ○○이 어려워…

AFTER ○○이 어려우니까 도와줄래?

★POINT 먼저 자신의 특징을 이해하자

부모도 일이나 여러 활동에서 싫어하는 것에 대해 부담을 느낄 때가 있습니다. 할 수 있는 노력은 한 다음에 그래도 안 되는 것은, 주위에 정중하게 부탁할 수 있도록 해보세요.

혼자서 100점을 목표로 할 필요는 없습니다. 도움을 요청하고 서투른 점을 보완하며 한 팀으로서 일을 완료하면 됩니다. 다음은 제가 일상에서 자주 사용하는 방법입니다.

정중하게 부탁하기의 예

- ○○하는 게 조금 서툴러서 그러는데, ○○해줄래?
- ○○하게 해주시면 감사하겠습니다.
- ○월 ○일까지 할 일을 우선순위를 정해서 지시해주실 수 있을까요?
- 모르는 것을 ○○○ 씨에게 물어봐도 될까요?
- 저는 ○○한 편이라, 눈에 띄는 점이 있으면 주저하지 마시고 지적해 주세요.
- 사전에 ○○○에 대해 설명해주시면 걱정을 덜 것 같습니다.
- 늘 참을성 있게 상대해주셔서 감사합니다.

나다움을 잃지 않는 말

> **말걸기 156 [기본]**
>
> **BEFORE** ▶ 또 물건 잃어 버렸네!
> -
> **AFTER** ▶ 그게 그 아이야 / 그게 나야
> -
> **★POINT** 단점과 결점이 있어야만 인간다운 매력이 느껴진다

'아이의 단점을 장점으로 바꾸는 말'(Step 29)의 발전형입니다. '울퉁불퉁 바꾸기'를 통해 장점과 단점은 하나라는 사고방식에 익숙해지면, 마무리 단계는 단점은 단점인 채로 '그게 바로 이 아이', '그게 바로 나'라고 받아들이는 것입니다. 그게 아이와 나의 있는 그대로의 모습을 소중하게 생각하는 길입니다.

부모나 아이에게 조금은 부족한 점이 있기에 비로소, 인간다운 멋진 매력이 도드라지는 것이 아닐까요. 서로 결점이 있기 때문에 사람은 사람을 필요로 하는 것이고, 상대방에게 약한 부분이 있기 때문에 친밀감도 느껴집니다. 아이나 자신의 결점이 신경 쓰일 때, 마음 어딘가에서 그 인간다움을 즐기며 그 모든 것을 사랑스럽게 느낀다면, 무거운 짐을 내려놓을 수 있습니다.

BEFORE 아이가 의기소침해 있을 때 뭐라고 말하면 좋을까

AFTER 엄마도 ○○하기 힘들었어

★POINT 단점, 결점, 실패 체험은 '재산'이다!

만약 내 아이가 자신감을 잃거나, 다른 사람과 비교해 우울해하거나, 자기가 못하는 것에 대해 짜증을 낼 때는 엄마 아빠의 실패 경험과 못하는 것에 대해 이야기해주면 아이에게 무엇보다 큰 용기가 됩니다.

예컨대 제 경우는 "엄마도 사람과 이야기하는 것이 서툴렀어, 지금도 그렇지만 말이야", "엄마도 운동을 싫어해, 초등학생 땐 마라톤 대회를 땡땡이 친 적도 있어"라고 이야기했더니 시무룩하던 아이의 얼굴이 활짝 펴진 기억이 있습니다.

부모의 훌륭한 성공담이나 무용담, 설교 같은 조언은 오히려 아이를 우울하게 하거나 부담스럽게 합니다. 하지만 비슷한 상황에서의 실패담이나 공감할 수 있는 부모의 실수 경험을 들으면 '나도 괜찮겠네'라고 생각되어 아이에게 힘이 될 수 있습니다(그리고 희한하게도, 부모도 왠지 힘이 나기도 합니다).

아이 마음의 영양분이 된다면 부모의 단점이나 결점, 실수, 수많은 흑역사도 '쓸모 있다'고 느끼게 될 겁니다. 결점이나 실패도 재산입니다. 못하는 부분도 소중히 할 수 있으면 진정한 의미에서 자신을 긍정하는 힘을 가질 수 있습니다.

개의 복종 자세 법칙

우리 집 개는 걸핏하면 배를 보입니다. 가족과 함께 있을 때, 몸을 뒤집어 '배를 만져줘'라고 하는 듯 조르는 모습이 너무나 사랑스럽지요. 그런데 자신의 가장 큰 약점을 그렇게 쉽게 드러내다니, '동물적인 감각이 조금 부족한 게 아닌가?' 하는 생각도 듭니다.

하지만 동물에 관한 책을 읽어보면 이는 주인을 신뢰하고, 안심하고 긴장을 풀고 있다는 증거라고 합니다. 그런데 우리 개는 산책 중에 곰 같은 덩치의 이웃 개를 만났을 때도 갑자기 뒹굴며 배를 드러냈지요.

아무리 봐도 긴장을 푼 상태로 보이진 않았는데, 이런 경우는 '항복합니다. 공격하지 마세요'라는 의미도 있다고 하네요. 즉, 개가 자신의 약점을 보이는 것은 상대방에 대한 신뢰의 증거인 동시에 자기방어이기도 하답니다.

상대방에게 약점을 보이고 얼른 낮은 자세를 취하는 것은 어쩌면 현명하게 살아남는 하나의 생존 전략인지도 모릅니다.

Step 91

평범한 행복을 찾는 말

> **말걸기 158 [기본]**
>
> **BEFORE** 그냥 평범하게 보내고 싶을 뿐인데…
>
> **AFTER** 오늘은 평화로워서 엄마 기분이 너무 좋아!
>
> **★POINT** '안정된 생활'은 평범한 일상에서 깨닫는 것이다

특별히 훌륭한 모습을 보이지 않아도, 형제들끼리 싸움이 끊이지 않는 가정에서 오랜만에 평화롭게 놀고 있을 때나 평소 집중력이 금방 끊기는 아이가 담담하게 숙제를 하고 있을 때, 툭 하면 주의를 받는 아이가 게임을 하면서도 침착하게 지낼 수 있을 때는 반드시 그에 대해 말을 걸어주면 좋습니다.

"오늘은 평화로워서 엄마는 기분이 좋아", "숙제 잘하고 있네", "와, 그거 재미있을 것 같구나" 같이 스쳐 지나가는 말 한마디면 됩니다. 부모가 지금의 평화로운 순간을 알고 있다는 사실이 아이에게 전달되면 됩니다.

아이 키우기가 정말 힘들어서 부모의 소망은 '그냥 평범하게 지내고 싶을 뿐'일 때도 있겠지만 그 평범한 시간의 벽이 매우 높을 때도 있지요. 그러므로 어쩌다 부리는 변덕이라도 좋으니 평범함이 유지되고 있

을 때 아무렇지도 않은 듯 말을 건네면 별일 없이, 담담하게 보낼 수 있는 시간이 점점 늘어날 겁니다. 그것이 꿈에 그리는 '안정된 생활'에 가까워지는 첫걸음입니다.

잡담을 활용하는 방법

생뚱맞은 질문이지만, 여러분은 자녀들과 '잡담'을 하시나요?

'잡담'이라는 것은 학교에서의 친구 관계, 숙제의 진행률, 시험의 등수, 동아리 선배나 담임선생님과의 관계, 자신의 방에서나 SNS로 무엇을 몰래 하고 있는지 등 '부모가 궁금한 것, 알고 싶은 것'을 확인하는 대화 외의 '평범한 이야기'를 하는 시간을 말합니다.

저는 아이의 커뮤니케이션 능력을 키우는 가장 좋은 방법은 평소 부모와 아이의 별거 아닌 잡담 시간에 있다고 생각합니다. 아이의 잡담 능력이 향상되면 인간관계도 훨씬 좋아질 겁니다.

단, 아이에게 부모의 마음이 똑바로 전해지지 않거나, 아이와의 싸움으로 너무 지쳐 있거나, 매일 이런저런 일에 쫓기고 있으면 느긋하게 잡담할 여유가 없는 경우도 있습니다.

그렇다면 우선 지금까지 배운 것 중에서 조금이라도 효율적으로 전달할 수 있는 쉬운 내용을 실천해서 서로 여유를 갖도록 해보세요. 그렇게 마음에 적당히 여유가 생기면, 내 아이와 이런저런 잡담을 하는 겁니다.

개중에는 좀처럼 대화가 이어지지 않아 흐름이 뚝뚝 끊기는 가족이 있을지도 모릅니다. 그래도 지금까지 내 아이를 잘 관찰하고 이해하려고 노력했다면 분명 얘깃거리를 찾을 수 있을 겁니다.

아이가 열중하고 있거나 흥미나 관심을 보이는 분야가 있다면 부모는 "오오, 그래?"라고 들어주는 것만으로도 충분합니다.

시시하고 하찮은 이야기에 가볍게 웃어주기만 해도 좋습니다. 완결성이 떨어지고 두서없는 이야기라도 괜찮습니다. 같이 TV도 보고 식사도 하면서 이런저런 이야기를 하는 것도 좋습니다. 어쨌든 서로 '이야기하는 것이 즐거운 시간'이 된다면 뭐든 좋습니다.

별 내용도 없는 잡담을 부모와 아이가 충분히 즐길 수 있다면, 매우 멋진 '평범한 일상'이 기다리고 있을 거예요.

육 아 의 법 칙

패밀리 레스토랑에서 접시가 깨졌을 때 법칙

패밀리 레스토랑에서 가족이나 친구와 식사하며 수다에 열중하고 있을 때나, '혼밥'을 먹으며 스마트폰 화면에 집중하고 있을 때는 보통 주변을 그다지 의식하지 않습니다.

그런데 갑자기 점원이 들고 있던 접시를 실수로 떨어뜨려 '쨍그랑!' 하고 큰 소리가 나며 깨지면, 가게에 있는 사람들이 일제히 주목합니다.

분명 그 점원은 그때까지 차례차례 주문을 받아, 완성된 요리를 부지런히 옮기고, 빈 접시를 묵묵히 회수하며 열심히 일하고 있었을 겁니다.

하지만 그것은 레스토랑에서 점원이 당연하게 해야 하는 일이므로 손님에게는 가게의 일상 풍경으로 보일 뿐입니다. 이렇게 큰 소리가 날 때만, 무슨 일이 있을 때만, 실패했을 때만 티가 나는 법입니다.

아이를 키울 때도 마찬가지입니다. 부모는 아이가 어떤 일을 저질렀을 때만 주목하기 십상이고, 이웃에게는 부모가 분통이 터져서 소리를 지를 때만 (벽 너머에서) 소리가 들리기 쉽습니다.

눈에 띄는 행동을 할 때만 주목하고 잘못한 일만 연속적으로 눈에 들어오면, '내 아이는 잘못만 해', '그 부모는 아이에게 화만 내네'와 같이 늘 그런 것처럼 착각하게 됩니다.

그 이외의 대부분의 시간인 '평범한 시간', '당연한 일상', '아무 일도 없고, 무사 평안하게 지내는 시간'이 유지되고 있는 이면에는 부모나 아이의 눈에 보이지 않는 매일의 노력이 엄청나게 숨겨져 있다고 생각합니다.

그리고 평범한 시간이란 영원히 계속되는 것처럼 생각되지만, 사람이나 환경에 어떤 변화가 생기면 간단히 망가져 버리는 의외로 연약한 것이기도 합니다.

그러므로 그 당연한 일상의 가치를 깨닫는 것이 육아나 인생의 만족도를 높이는 중요한 포인트입니다.

A ▸ 발달장애는 그 사람의 한 부분이지, 전부가 아닙니다.

그 기분, 너무나 잘 이해합니다. 이 세상에서 다수가 아니라는 이유만으로 '장애'가 되어 버리거나 조금이라도 남과 다르면 문제가 있는 것 같은 분위기가 분명히 존재합니다.

하지만, 아이에게나 당신에게나 '평범한' 부분은 반드시 있습니다. '발달장애' 같은 단어는 그 사람의 특징 일부분을 형상화한 말이지, 그 사람의 모든 것을 나타내는 말은 아닙니다. 주변 사람들과 느끼는 방식이나 흥미 혹은 관심사가 달라도 맛있는 걸 맛있다고 느끼는 마음은 같습니다. 유머 센스는 다를지 몰라도 즐거울 때 웃고 싶은 것은 마찬가지이지요.

아이에게는 아이만의, 당신에게는 당신만의 소중한 이름이 있습니다. 그 사람의 모든 것을 나타내는 말은 그의 이름 외엔 없습니다. 발달장애의 부분과 평범한 부분 모두를 포함한 그것이 그 사람입니다. 발달에 있어서의 느림과 평범함은 모두 소중합니다. 그저 자신을 있는 그대로 소중하게 생각할 수 있게 된다면, 부모나 아이도 험난한 세상을 잘 헤쳐 나갈 수 있습니다.

Step 92

아이와 자신을 응원하는 말

말걸기 159 [기본]

> **BEFORE** 그건 비상식적이야!
> -
> **AFTER** 이게 정말 상식적인 걸까?
> -
> **★POINT** 다른 사람에게 민폐가 되지 않는 것은 너그럽게 본다

        제 딸아이가 어렸을 때 전신 핑크색 복장으로 외출하고 싶다고 떼를 쓴 적이 있습니다. 당시의 제 상식으로는 '그건 좀 아닌데'라고 생각되었습니다.

    하지만 격식 있는 자리나 드레스 코드가 있는 고급 레스토랑에 가지 않는 한 핑크색 복장이 누군가에게 민폐가 될 이유는 없습니다.

    부모의 눈에 '비상식'으로 비쳐도 남에게 해를 가하는 것도 아니고 사회적으로 큰 민폐가 되지 않는다면, 개인의 취향이나 사고방식의 차이로 받아들일 수 있습니다. '아이는 아이, 나는 나'라고 선을 그어, 다소 너그럽게 봐줘도 좋습니다.

    그런데도 '부모의 고집'으로 도저히 양보할 수 없는 것은 "엄마는 이렇게 생각하는데, 이렇게 해보지 않을래?"라는 부탁 혹은 제안을 통한 협상을 하면 좋습니다(결정하는 것은 아이 자신입니다).

그러다 보면 그 속에서 재능을 발견할지도 모르고, 부모도 점점 자잘한 일들이 신경 쓰이지 않게 될 것입니다.

아이의 고집 에너지를 효과적으로 활용하기

아이의 고집은 풍부한 감수성의 표현이기도 합니다. 그 사례로, 우리 아이들은 편식이 심하고 음식에 대한 집착이 강했습니다. 특히 큰아들은 남달리 날카로운 미각을 지니고 있었습니다.

그래서 요리를 스스로 할 수 있도록 천천히 상냥하게 가르쳐주었더니, 손재주가 서투른 아이도 맛있는 것을 먹고 싶은 욕심에 실력이 꽤 늘었습니다.

지금은 세 명 모두 집에 있는 재료로 스스로 적당한 요리를 만들 수 있게 되어, 만일 제가 병에 걸려 입원해도 걱정이 없습니다.

아이의 고집을 상대하는 것은 부모로서 끈기가 필요한 작업이긴 하지만, 그 강한 에너지를 유용하게 활용할 수 있으면 배우는 점도 많습니다. 또, 직성이 풀릴 때까지 원하는 만큼 집착하다가 어느 정도 만족하면 그만두기도 합니다.

불안감에서 오는 고집도 마찬가지입니다. 예를 들면 자연재해나 바이러스 등에 대한 공포심이나 불안감이 심한 아이는 반대로 그 메커니즘이나 예방 혹은 대처법을 자세하게 알면 안심하기도 합니다. 나아가, 심한 불안이 지적 호기심으로 바뀔 가능성도 있습니다. 의학·생물학자들의 연구 계기가 '두려움'이었다는 경우도 의외로 많습니다. 그리고 아이가 아주 좋아하는 일이나 눈을 반짝반짝 빛내며 한없이 열중할 수 있는 것에 대해서는 그에 맞는 환경을 만들어주고, 경제적으로 허락하는 한 응원해주면 좋습니다.

아이의 고집을 잘 살리면 할 수 있는 일도 늘고, 아이의 세계도 풍요롭게 펼쳐질 것입니다.

아이 스스로 자신을 응원하기

지금까지는 부모가 자녀에게 하는 말걸기 중심이었지만, 아이가 점점 성장하면서는 아이 스스로 말을 걸 수 있도록 이끌어가야 합니다.

특히 사춘기에 접어든 아이는 부모의 칭찬을 순순히 받아들이지 않는 경우도 있습니다. (그것도 성장의 증거입니다!)

그리고 실패 경험이나 타인과의 관계 속에서 자신감을 잃어 시무룩하거나 필요 이상으로 부담감을 느껴 혼자만의 생각에 빠져 버리는 경우도 있습니다.

그럴 땐 다음의 '자기 응원 체크 시트'에서 아이가 자신의 마음속에서 굳어지기 시작한 '상식'을 객관적으로 되짚어보고, 자기 스스로 극단적인 생각을 수정하여, 용기를 얻고 있는 그대로를 인정할 수 있는 습관을 들이게 하는 게 좋습니다.

가장 좋은 내 편은 나 자신이니까요.

사실 저도 이것저것 신경을 많이 쓰는 편이라, 우울할 때는 언제나 머릿속에서 이것을 반복하여 습관화하고 있습니다.

아마 많은 사람들이 장점보다는 단점, 잘한 일보다 실패한 일, 자신에게 긍정적인 의견보다 부정적인 의견이 더 마음에 걸려 크게 의식하지 않아도 자신이 열심히 살고 있다는 사실을 알아채지 못하는 경우가 있으리라 생각됩니다.

주변의 시선이 신경 쓰이는 예민한 시기에 원래 완벽주의에다 집착이 강한 아이나 실패 경험이 많은 아이라면 더욱 그렇겠지요. 그럴 때는 사물을 다방면에서 보고, 의식적으로 긍정적인 면에 초점을 맞추는 습관을 들이는 정도로 도와주면 딱 좋을 것 같습니다. 체크 시트는 복사해서 화장실 벽에 슬쩍 붙여 두어 (가능하면 엄마, 아빠도) 활용해보세요.

자기 응원 체크 시트

실패했다고 잔뜩 움츠러들면 자신감을 회복하기 힘듭니다. 그럴 땐 자신이 잘하는 일, 노력하고 있는 일, 멋져 보이는 모습에 체크해봅시다.

☐ 정말로 '잘하는 게 당연'한가?
다른 사람은 쉽게, 그냥 할 수 있는 일도, 나는 무척 노력해야 할 수 있는 게 있지. 그 노력에 스스로 박수를 보내자!

☐ 정말로 '다' 실패한 것인가?
잘 떠올려봐. 중간까지는 할 수 있었던 일, 여기까지는 해냈던 일, 잘되고 있는 부분도 있잖아?

□ 정말로 '단점 혹은 결점'인가?

사물을 보는 시선을 뒤집어보자. 혹시 반대로 그게 나의 장점이나 좋은 점이라고도 할 수 있지 않을까?

□ 정말로 '평범한 일'인가?

항상 아무렇지도 않게 계속하고 있는 일이 의외로 많아. 하지만 계속한다는 것은 정말 쉽지 않지. 스스로를 칭찬해도 되지 않을까?

□ 정말로 '못하는 일'인가?

다른 사람이 할 수 있는 걸 너는 못 하면 우울해지지? 하지만 1년 전, 5년 전의 너는 어땠지? 그때보다 꽤 발전한 것 같지 않아?

□ 정말로 '모든 사람'인가?

누군가에게 상처받는 말을 들을 때가 있지. 하지만 그건 그냥 그 사람의 생각일 뿐이야. 모든 사람이 그렇지도 않고, 그냥 나랑은 다르다는 것뿐일지도 몰라.

□ 정말로 '쓸데없는 일'인가?

결과적으로 실패한다고 해도, 해봤다, 도전했다는 것만으로도 가치가 있잖아? 나의 용기에 '좋아요!'를 누르자.

성장을 기다려주는 말

말걸기 160 [기본]

> **BEFORE** 도대체 언제쯤 할 수 있어?

> **AFTER** (괜찮아, 조금만 더)

> **★POINT** 어떤 아이든 날마다 성장한다

얼핏 보면 부모 눈에는 아무런 발전도 성장도 하지 않은 것처럼 보이지만, 세 끼 먹고 자는 것만으로도 어제보다 분명히 성장하고 있는 존재가 '아이'입니다.

아이의 성장은 육아할 때 가장 큰 힘이 됩니다. 그런데 매일 열심히 아이를 키우고 있어도, '잘되지 않는다', '성과가 좀처럼 나지 않는다'라며 초조하게 느껴질 때가 있지요.

그렇지만, 어떤 아이도 반드시 변화하고 날마다 성장합니다. 그리고 내 아이를 키우는 방법에 대해 시행착오를 겪으며, 부모가 이것저것 시도해본 것들 혹은 아이에게 매일 말을 걸고 몸으로 부딪치며 계속 전달해온 것들은 분명히 아이 성장에 자양분이 됩니다.

꽃이 언제 활짝 피는지 평균적인 때는 있지만 아무도 정확하게는 알 수 없듯, 아이가 무언가를 할 수 있는 타이밍도 사람마다 다릅니다. 부모가 아이의 몸과 마음의 건강만 챙겨주면 꽃이 피는 날은 언젠가 꼭 올 겁니다. 걱정 마세요. 분명히 얼마 남지 않았습니다.

포커의 법칙

어렸을 때 아이가 두 발로 서고, 걸음마가 가능해진 순간부터 지금에 이르기까지, 저도 몇 번이나 우리 아이들이 '해내는 순간'을 지켜봤습니다.

이런 경험을 통해서 느낀 점은 '아이가 무언가를 할 수 있게 되는 타이밍은 포커 게임 같다'라는 것이었습니다. 어떤 일이 가능하게 되려면 몸의 발달이라는 패와, 뇌의 회로가 연결되는 패와, 아이가 가지고 있는 의지의 패, 그리고 환경·기회 등의 필요한 패를 조금씩 모으고, 모든 패가 딱 갖추어진 시점에서야 비로소 '해내는 순간'이 찾아오는 것이죠.

그래서 손에 든 패가 하나라도 모자라면 꽉 막힌 상태가 지속되어 본인도 답답해할 수 있습니다. 하지만 느긋하게 카드를 계속 뽑다 보면, 언젠가 손에 쥔 패가 갖추어지기 마련입니다.

왜냐하면 쌓여 있는 패에서 카드를 뽑는 것은 오직 그 아이만이 할 수 있으니까요! 선착순이라며 다른 누군가가 빼앗아 가는 게 아니기 때문에 느긋하게 성장을 기다리면 됩니다. 난이도가 높은 패일수록 오래 걸리겠지만, 그동안 부모와 아이가 함께 많은 이야기를 나누며 즐겁게 기다리면 어떨까요?

스스로 만족을 찾는 말

> **말걸기 161 [기본]**
>
> **BEFORE** 전혀 생각대로 안 된다
>
> **AFTER** 이게 이 아이니까, 어쩔 수 없다
>
> **★POINT** '노력으로는 뛰어넘을 수 없는 벽'을 인지한다

　사람은 때로, 어느 정도 포기할 줄도 알아야 합니다.

　포기하지 않고 느긋하게 버티면 가끔 좋은 일도 있지만, 아무리 노력하고 또 노력해도 안 되는 일은 누구에게나 있으니까요.

　예를 들면 어깨와 허리통증이 있고, 몸치에다 집순이인 제가 갑자기 올림픽 국가대표가 되겠다는 소망을 가져도 이루기 힘들 겁니다.

　노력으로 극복할 수 없는 벽은 개인 능력의 한계요, 좌절이요, 장애물일지 모릅니다. 하지만 그런 건 누구에게나 당연히 있습니다. 만약 '노력으로는 극복할 수 없는 벽'에 부모와 아이가 '쿵' 하고 부딪힌다면, 어느 정도 포기하고 우회하는 것도 방법입니다.

　'그게 바로 내 아이'이며 '그게 바로 나'입니다. "할 수 없지, 뭐" 하고 그쯤에서 손을 털면 됩니다. 그만큼 더 멋진 점이나, 잘하는 일, 할 수 있는 것에 눈을 돌려보세요. 더 나은 환경은 없을지 고민하고 주변 사람과 도우면서 지내면 문제 될 일은 아무것도 없습니다.

이상과 현실 사이, 어디서 타협을 볼 것인가

그럼, '계속해서 노력하면 언젠가 할 수 있게 된다'라는 마음과 '노력으로 극복할 수 없는 일은 단념한다'라는 마음 사이에서 어떻게 해야 할까요? 이 둘은 언뜻 보면 모순된 것처럼 보입니다. 여기서 이 두 가지를 '어떻게 절충할 수 있을까', '어디서 타협해야 하나'를 판별하는 일이 이 책의 핵심적인 부분입니다.

이상과 현실 사이에서 타협하여 자신의 삶을 인정하고 만족하면서 살아가는 힘이야말로 세상을 사는 데 중요한 '적응력'이라고 생각합니다. 이상만으로는 살아갈 수 없습니다. 하지만 꿈을 그릴 수 없는 인생도 괴롭습니다. 어릴 땐 무한의 가능성이 넘칠 때인데, 현실은 좀처럼 그렇지 못하고 할 수 없는 일만 눈에 들어오게 됩니다. 그런 모순을 부모와 자녀가 함께 직시하는 일이 필요합니다.

땅바닥에 뿌리를 내리고 하늘을 향해 뻗는, 유연하고 튼튼한, 이기진 못해도 지지 않는, 구부러져도 꺾이지 않고 몇 번 넘어져도 그때마다 다시 일어설 수 있는, 그런 '생존 능력'을 기르기 위해서 이상과 현실을 어떻게 받아들이면 좋을까요?

앞의 예시로 돌아가, 지금부터 제가 올림픽 국가대표가 될 가능성은 절대적으로 희박하지만, 제가 가진 능력을 살려 '스태프 되기'로 목표를 바꾸고 노력하면 죽기 전에는 어떻게든 달성할 수 있을지 모릅니다.

혹은 동경하는 선수의 식생활 같은 라이프스타일을 가능한 범위에서 흉내 내거나 그 사람의 철학을 나의 삶에 참고하는 것은 지금 당장 가능하겠지요.

　현실과 타협하는 데 중요한 포인트는 '조금은 타협하더라도 그것을 본인이 인정하고 만족하는 것'입니다. 마찬가지로 내 아이가 현실의 벽에 부딪혔을 때도 부모가 티 안 나게 지원해주며 그 아이 자신이 납득할 수 있는 착지점을 찾아가다 보면, 아이의 꿈과 자존감이 점점 깊은 뿌리를 내릴 수 있을 것입니다.

아이를 믿고 맡기는 말

말걸기 162 [기본]

BEFORE ▶ 이런 답답이!

AFTER ▶ 어떻게 해야 할지 알려줘

★POINT 육아에 관해서는 그 아이 자신이 교과서다

'이 책에 나온 말걸기를 시험해도 잘되지 않는다, 혹은 여러 가지 육아법이나 교육법을 실천해보았지만 그다지 성과가 없다, 전문가의 조언대로 일이 흘러가지 않는다…' 만약 이렇게 느껴진다면 반드시 아이 본인에게 '그 아이를 위한 육아법'을 진지하고 정중하게 물어보세요. 그러면 의외로 쉽게 길이 열릴지도 모릅니다.

예를 들면, 아이가 잘하지 못하는 일 때문에 좌절해 있을 때 "어떻게 하면 ○○을 할 수 있을 것 같니?", "예를 들면 어떤 점이 어려워?" 하고 물어보세요.

만약 완고하게 고집하거나 자신만의 생각에 빠져 있으면 "왜 그렇게 생각했어?", "어떻게 하면 신경이 안 쓰일 것 같아?", "어떻게 하면 안심하겠니?"라고 물어볼 수도 있습니다.

만약 학교나 집에서 거칠게 굴 때는 "선생님께 뭐라고 전해드렸으면

좋겠니?", "뭔가 엄마가 도와줄 건 없니?"라고 물어보는 것도 괜찮습니다.

아이의 양육법은 그 아이 본인이 제일가는 교과서입니다. 모르는 것은 아이에게 물어보면 됩니다.

'하지 않기'라는 선택

육아를 하면서 벽에 부딪혔다고 느껴질 때, '아이에게 물어보기' 이외에 또 하나의 비책이 있습니다. 그것은 부모가 할 수 있는 것을 찾는 게 아니라 부모가 '하지 않는 것'을 하는 선택입니다. 예를 들면 다음과 같습니다.

- 말걸기를 일부러 '하지 않기'
- 도움이나 지원을 '하지 않기'
- 격려와 조언을 '하지 않기'
- 미리 뭔가를 '하지 않기'

특히 사춘기 아이는 혼자서 조용히 생각하거나, 복잡하고 혼란스러운 자신의 마음을 정리하거나, 사실은 어떻게 하고 싶은지 자신의 마음과 대화하기 위한 시간이 필요할 때도 있습니다.

그리고 아이가 성공 경험을 쌓는 것만큼 실패 경험으로부터 회복하는 방법을 배우는 것도 중요합니다. 다만 '실패에서 배운다', '노력하면 할 수 있다' 같은 진리를 모르는 아이는 실패 경험만 있으면 사는 것이 버거워지므로 당분간 어른의 지원과 도움이 필요합니다.

하지만 서서히 스스로 할 수 있도록 '여기부터는 하지 않기', '여기까지는 하지 않기', '이것만은 하지 않기' 등 부분적으로라도 부모가 '하지 않기'를 해 나가는 게 좋겠지요!

그리고 부모가 '하지 않기'에서 잊지 말아야 할 점은 '옆에서 지켜보기'도 '하지 않기'라는 것입니다. 부모와 아이 사이에 애착과 신뢰 관계가 구축되어 있으면 아이를 살짝 밀쳐내도 괜찮습니다. 아이가 부모에게 버림받았다고 느끼지 않도록 조금 떨어져서 따뜻한 시선을 보내면 문제없습니다.

육아를 열심히 해온 분일수록 조금 쓸쓸한 기분이 들겠지만, 이때는 부모도 참을 줄 알아야 합니다.

말걸기 163 [응용]

BEFORE 말 안 하면 안 하면서!

AFTER 알겠어

★POINT "짜증나!"는 이제 서서히 말걸기를 졸업해야 한다는 신호

아이한테서 "짜증나!", "알고 있어!"라는 말이 튀어나오면, 슬슬 '말걸기를 졸업'할 타이밍이라는 신호입니다. 이때 부모는 기뻐해야 합니다.

물론 알고 있다고 본인이 우겨도 아직 전혀 모르는 것이나, 아무리 짜증을 내도 부모가 계속해서 말해줘야 할 일도 있을 것입니다.

하지만 이는 아이에게 부모의 말이 제대로 전해졌다는 증거입니다. 그러므로 부모도 '말걸기에서 졸업하기'를 목표로 삼고, (말해야 할 것 같은 기분이 들긴 해도) 조금씩 단계적으로 말걸기를 줄이며 '떨어져서 지켜보는' 연습을 시작하는 시기라고 보면 됩니다.

어쩌면 안달복달하거나 불안해하면서 부모도 스트레스가 쌓일지도 모르지만 꾹 참아야 합니다. 그럴 때는 새로 일을 시작하거나, 직장에 복귀하거나, 자격증을 따거나, 아이가 어릴 때 접어놓았던 취미를 다시 시작하거나, 부부끼리 외출하거나, 노후 계획을 짜면서 '내 인생'을 다시 한번 생각할 수 있는 좋은 기회로 삼으면 됩니다.

괜찮습니다. 아이가 부모에게서 멀어져 가는 것처럼 보이지만 엄마, 아빠의 존재 자체는 필요합니다. 언젠가 아이가 어른이 되어도 그것은 절대 변하지 않습니다.

있는 그대로를 사랑하는 말

말걸기 164 [기본]

BEFORE ▶ 커서 뭐가 되려고 그래!

AFTER ▶ 뭐든 될 거야

★POINT 아무리 노력해도 완벽한 아이는 될 수 없다

　　　지금까지, 우선 부모의 마음을 정리하고(1장), 부모와 아이 간 애착과 신뢰 관계를 쌓으며(2장), 아이가 해내는 것을 보면서 자신감을 길러주고(3장), 아이가 알기 쉬운 방법으로 전달해서 할 수 있는 것을 늘리고(4장), 끈기 있게 안 되는 건 안 된다고 가르쳐가며(5장), 다소 타협하며 주위 사람들과 함께 살아갈 수 있도록 대화하고(6장), 부모와 아이가 함께 적당한 선에서 매듭을 지으며 아이로부터 조금씩 떨어져 지켜볼 수 있게 되었다면, 아이의 앞으로의 인생은 크게 문제없이 어떻게든 살아갈 수 있습니다.

　　하지만 그것이 사실이라도 부모는 언제까지고 자식의 인생을 걱정할 수밖에 없는 존재라 생각합니다. 자녀의 행복을 바라기에 '이래가지고는 미래가 걱정이야', '이런저런 일을 못 하면 어떡하나' 하는 걱정은 끝이 없겠지요.

하지만 아무리 노력해도 아이는 완벽해질 수 없습니다. 그럴 필요도 없습니다. 어떤 아이도, 어떤 사람도 다소 울퉁불퉁한 면이 있는 것이 자연스럽고 당연한 모습이니까요.

인기 만화 주인공의 매력은 '결점'이 있다는 것

저희 가족은 모두 만화를 좋아합니다. 집 안이 만화로 뒤덮여 복도까지 삐죽 튀어나온 책장도 꽉 차 있고 거실에는 이번 주 〈소년 점프〉가 굴러다닙니다.

희한하게 가족마다 각자 좋아하는 장르가 달라 동서고금의 모든 장르의 만화가 혼재되어 있지만, 아이가 열중해서 보거나 시중에서 인기가 많거나 어른이 되어도 두고두고 인상에 남는 만화는 공통적으로 주인공이 매우 매력적인 경우가 많습니다(악당이나 단역도 그렇지요).

그 '사람을 끌어당기는 매력'의 이유를 제 나름대로 분석해보니, '결핍된 부분이 있기 때문'이라는 결론에 이르렀습니다.

완전무결한 주인공은 재미가 없어서 공감하기 어렵습니다. 반면 매력적인 등장인물은 어딘가 큰 결점이 있거나 못하는 게 있거나 때때로 약한 소리를 내뱉거나 좌절과 큰 실패를 겪지요.

그래서 비로소 드라마가 생겨나고 동료의 힘이 필요해지고 실패하면서도 성장해 갑니다. 그런 인물에게 독자는 친밀감이나 자신과의 공통점을 느끼고 감정 이입하며 응원하게 되는 것이지요.

'결핍된 점'이 있기 때문에 비로소 인간적인 매력이 도드라집니다.

육아도 마찬가지 아닐까요? 부모나 아이도 못하는 일과 부족한 점이 있기에 비로소 서로의 존재와 주변 사람의 힘을 필요로 하고, 좌절과 실패가 있기에 삶이 풍요로워지고, 인간답게 울고 화내기 때문에 매력적인 사람이 되는 거라고 생각합니다.

누구나 자기 인생의 주인공입니다.

부모와 아이가 조금 못하는 게 있어야 확실히 멋지고 다채로운 인생이 되지 않을까 싶습니다.

> **말걸기 165 [응용]**
>
> **BEFORE** ▶ 또 사고쳤네
> ----------------------------------
> **AFTER** ▶ 괜찮아, 지금은 이것으로 됐어
> ----------------------------------
> **★POINT** 지금 그 아이의 있는 그대로의 모습을 받아들인다

아이도 부모도 인간인 이상 실수를 저지릅니다. 아무리 육아를 열심히 해도 문제가 생길 때는 생기고, '우리 아이만큼은 절대로 그렇지 않아' 하며 방심하고 있으면 부모의 상상을 가볍게 뛰어넘는 일을 저지르는 존재가 바로 아이입니다.

어떤 아이라도 '절대로 문제없어!'라고 생각될 수 없습니다. 그런데도 아이를 믿는다는 것은 '우리 아이만큼은 실수나 실패를 하지 않아'라고 단정 짓는 게 아니라, '설령 실수를 저질렀어도 어떻게든 헤쳐 나가겠지', '실패해도 다시 일어설 수 있어'라며 그 아이의 힘을 믿어주는

마음이라고 생각합니다.

이럴 때 부모의 생각을 바꾸기 위해 스스로에게 거는 주문이 "괜찮겠지"와 "지금은 이걸로 됐어"입니다. 저도 나름대로 육아를 열심히 하고 있지만, 그래도 아이가 뭔가 사고를 쳤을 때 그 말을 떠올리며 현재 아이의 모습을 있는 그대로 받아들이기 위해 항상 스스로에게 다짐하고 있습니다.

부모도 못 하는 일이 많이 있습니다! 사람이니까 그게 당연하죠. 저도 드디어 육아의 끝이 보인다고 생각한 순간, 1단계로 되돌아가 몇 번이나 다시 시작해야 했습니다.

하지만 뭐, 그것도 그런대로 괜찮지 않을까요?

자신에게 '부모 합격'을 주는 말

> **말걸기 166 [기본]**
>
> **BEFORE** ▶ 좀 더 좋은 부모가 되고 싶다!
>
> -
>
> **AFTER** ▶ 나는 이미 충분히 좋은 부모다. 부모 합격!
>
> -
>
> **★POINT** 아이가 웃으면 '부모 합격'입니다

부모는 늘 아이에게 사과하는 존재가 아닐까, 하고 생각합니다. '더 좋은 부모가 되어주지 못해 미안', '더 잘해주지 못해서 미안', '더 같이 있어주지 못해서 미안', '더…'라고 말이죠.

확실히 세상에는 '좋은 부모', '이상적인 부모'에 대한 정보가 넘쳐나기 때문에, 남과 비교하면 할 수 있던 일보다 못했던 일이 더 신경 쓰일 것입니다. 하지만 여러분이 좋은 부모인지 아닌지 결정하는 것은 '세상'이나 '남'이 아닙니다.

아이가 "다녀왔습니다!" 하고 인사하며 집으로 돌아오나요? 씩씩하고 건강하고, 그 아이 나름대로 성장하고 있나요? 눈앞에 있는 아이의 표정은 어떤가요? 만약 아이가 집에서 안심하고 웃고 있다면 이미 충분히 여러분은 '좋은 부모'입니다. 그 정도면 이제 자신에게 '부모 합격'을 줘도 좋지 않을까요?

2014년에 '말걸기 변환표'가 인터넷에서 확산되고 난 후, 이 책이 완성되기까지 실로 6년의 세월이 필요했습니다. 당시 첫째 아들이 초등 3학년, 둘째 아들이 초등 1학년, 셋째 딸아이는 유치원에 막 들어간 때였습니다.

그로부터 6년. 첫째 아들은 중학교 3학년, 둘째 아들은 중학교 1학년, 셋째 딸아이는 초등학교 4학년이 되었습니다. 제 일상은 그다지 변화가 없지만, 그런데도 아이들은 나름대로 성장하여 어느덧 저와 어깨를 나란히 할 정도로 커졌습니다. 그와 함께 필요한 말걸기도 점점 바뀌었습니다.

아이는 매일매일 성장하고, 아이를 둘러싼 환경도 하루가 다르게 변합니다. '아이의 성장'과 '주변 환경'을 함께 고려하지 않으면 이 책이 완성되지 않겠다고 생각하여 책이 만들어지기까지 많은 시간이 걸렸습니다. 그동안 마음 아픈 뉴스들이 많아 저를 슬프게 했지요.

아동학대, 집단 괴롭힘(심지어 선생님끼리도), 아이의 자살, 미래가 있

는 아이나 젊은이들이 희생되는 사고. 그리고 학교 현장에서는 선생님
의 과도한 업무, 체벌 지도, 교내 폭력, 학급 붕괴, 지구 온난화로 인한
대규모 자연재해.

그리고 세계를 완전히 바꿔 버린 미지의 바이러스!

'당연한 매일', '보통의 일상'이 온 세상 사람들의 보이지 않는 엄청
난 노력에 의해 지탱되고 있다는 사실을 지금 확실하게 통감하고 있습
니다. 지금까지 당연하게 생각해왔던 아이들의 미래가 한 치 앞도 모르
게 되어 버렸지요.

그렇지만 지금을 사는 아이들이 강하고 유연하게 험난한 세상을 헤
쳐 나갔으면 하는 바람입니다. 최대한 행복하게, 가능한 즐겁게, 행복
한 인생을 살길 바랍니다. 부모가 세상을 떠난 후에도 우울할 때, 좌절
할 것 같을 때 몇 번이라도 다시 일어서서 맞설 수 있길 바랍니다. 힘들
때는 누군가에게 도움을 청할 수 있는 용기를 가지길 바랍니다. 주변
사람들과 서로 의지하고, 서로 도우며 함께 살았으면 합니다.

아이들이 가능하다면 좋은 친구나 좋은 배우자를 만나고, 자신에게
맞는 일을 찾아 생활에 어려움이 없을 정도의 수입도 있고, 맛있는 음
식도 맘껏 사 먹을 수 있길….

저도 한 명의 부모로서 바라는 게 끝이 없습니다. 역시 부모라는 동
물은 욕심이 많고 제멋대로인 이기주의자인 것 같습니다.

그래도 어쩔 수 없습니다. 부모니까요.

아이의 인생에 좋은 일만 있기를. 그리고 당신도 조금이라도 편해지
기를. 어떤 아이도, 어떤 사람도, 자기답게 살면서 매일 웃을 수 있기를
바랍니다.

옮긴이 박미경

일본 야마와키 미술학교에서 주얼리 디자인을 전공하고 일본에서 주얼리 디자이너로 5년간 활동했다. 그 후 한국으로 건너와 통역 및 영상 번역을 10년 넘게 해왔다. 현재는 두 아이를 키우며 다양한 분야에 관심을 가지고 출판 기획과 전문 번역가로 활동 중이다.

처음부터 아이에게
이렇게 말했더라면

1판 1쇄 발행 2021년 5월 13일
1판 2쇄 발행 2021년 7월 1일

지은이 오바 미스즈
옮긴이 박미경

발행인 양원석 **편집장** 최혜진 **책임편집** 박시솔
디자인 강소정, 김미선 **영업마케팅** 윤우성, 박소정, 정다은

펴낸 곳 ㈜알에이치코리아
주소 서울시 금천구 가산디지털2로 53, 20층 (가산동, 한라시그마밸리)
편집문의 02-6443-8890 **도서문의** 02-6443-8800
홈페이지 http://rhk.co.kr
등록 2004년 1월 15일 제2-3726호

ISBN 978-89-255-8868-1 (03590)